变压器油纸绝缘尖端缺陷的局部放电特性及其应用

国网宁夏电力有限公司电力科学研究院 编

中国电力出版社
CHINA ELECTRIC POWER PRESS

内 容 提 要

本书对现有的主流局部放电检测技术进行了简要介绍,分别在工频交流电压、谐波电压、直流电压下分析了有油隙尖板缺陷、无油隙尖板缺陷和尖板沿面缺陷的局部放电特性,对有油隙尖板缺陷、无油隙尖板缺陷和尖板沿面缺陷流注进行建模仿真来对局部放电机理进行解释,提出基于小波不变矩、雷达谱图、Φ-ΔT-N 模式三种电老化评估方法以及基于随机森林算法的模式识别方法。本书为运维检修人员在变压器、GIS、电抗器、电容器类设备交接验收、隐患排查、故障原因分析、故障防范等方面提供了帮助。

本书可供从事电力一次设备运维检修、管理人员使用,也可为从事电力一次设备制造及科研领域人员提供帮助。

图书在版编目(CIP)数据

变压器油纸绝缘尖端缺陷的局部放电特性及其应用 / 国网宁夏电力有限公司电力科学研究院编 . —北京:中国电力出版社,2021.9
ISBN 978-7-5198-5679-3

Ⅰ. ①变… Ⅱ. ①国… Ⅲ. ①变压器－局部放电 Ⅳ. ① TM401

中国版本图书馆 CIP 数字核字(2021)第 106877 号

出版发行:中国电力出版社
地　　址:北京市东城区北京站西街 19 号(邮政编码 100005)
网　　址:http://www.cepp.sgcc.com.cn
责任编辑:陈　丽(010-63412348)
责任校对:黄　蓓　于　维
装帧设计:王红柳
责任印制:石　雷

印　　刷:三河市万龙印装有限公司
版　　次:2021 年 9 月第一版
印　　次:2021 年 9 月北京第一次印刷
开　　本:710 毫米 ×1000 毫米　16 开本
印　　张:10.75
字　　数:155 千字
印　　数:0001—1000 册
定　　价:56.00 元

编 委 会

前　言

作为电力系统的枢纽设备，大型油浸式电力变压器的绝缘状态直接关系到电力系统的安全稳定运行。油纸绝缘是油浸式电力变压器内绝缘的主要组成形式，因此对油纸绝缘状态进行诊断评估具有重要的工程意义。局部放电不仅是引起绝缘劣化的原因，而且是绝缘老化—劣化—失效三阶段中劣化段的重要表征，因此国内外都广泛地把局部放电测量作为绝缘状态质量监控的重要指标。

以局部放电为特征量来反映电力设备绝缘状态的研究主要开展于 20 世纪 90 年代初，除了应用于聚乙烯、环氧树脂等材料的绝缘状态评估外，近年来也大量应用于油纸绝缘状态评估。国内外学者不仅在油纸绝缘局部放电特性方面做了深入研究，也在基于局部放电特性的油纸绝缘放电模式识别、热老化评估（简称老化评估）、缺陷程度诊断三个方面取得了一定的研究成果。

本书第 1 章对传统局部放电检测方法进行简要的介绍并提出了一种可同步获取电压相位的非接触式新型局部放电监测方法。第 2 章对工频交流电压下油纸绝缘尖端缺陷局放特性进行介绍。考虑到由于故障导致电压波形中含有直流分量的电力变压器以及正常工作中要承受大量直流电压的换流变压器，在第 3 章介绍了直流分量对油纸绝缘尖端缺陷局放特性的影响。第 4 章引入谐波分量对油纸绝缘尖端影响。第 5 章以实验与仿真相结合的方式对局放机理进行研究，提出了一种流注仿真模型。第 6 章面向局部放电的应用，介绍了三种电老化评估方法以及一种模式识别方法。本书所介绍的方法可以帮助从事电力设备运行、维修等领域的科研人员、工程实践及运维检修人员更深入地了解局部放电的知识，有效地推动油纸绝缘状态评估技术的发展，对预防及减少变压器绝缘事故具有重要意义。

本书的研究工作得到了宁夏回族自治区重点研发计划（2020BDE13033）

及国网宁夏电力有限公司科技项目（5229DK190051）的支持与资助。在这里，谨对所有给予我们指导、关心和帮助过的单位和个人表达最诚挚的谢意。

电力设备局部放电检测技术仍在不断发展，由于编写人员水平有限，书中难免存在疏漏与不妥之处，恳请广大读者批评指正，不胜感激。

作　者

2021 年 3 月

目　录

前言

1　局部放电检测方法 ······················· 1

　1.1　典型的局部放电检测方法 ············· 1

　1.2　可同步获取电压相位的非接触检测方法 ········· 11

　参考文献 ··························· 15

2　工频交流电压下油纸绝缘尖端缺陷局部放电特性 ······· 17

　2.1　有油隙尖板缺陷的局部放电特性 ········· 17

　2.2　无油隙尖板缺陷的局部放电特性 ········· 21

　2.3　尖板沿面缺陷的局部放电特性 ·········· 32

　参考文献 ··························· 44

3　直流分量对油纸绝缘尖端缺陷局部放电特性的影响 ····· 46

　3.1　直流电压下油纸绝缘尖端缺陷局部放电特性 ····· 46

　3.2　直流电压占比对尖端缺陷局部放电特性的影响 ···· 66

　参考文献 ··························· 80

4　谐波分量对油纸绝缘尖端缺陷局部放电特性的影响 ····· 82

　4.1　换流变压器阀侧谐波含量 ············· 82

　4.2　交流频率对尖端局部放电特性的影响 ········ 84

　4.3　多次谐波作用下的尖端局部放电特性 ········ 94

　参考文献 ··························· 97

5　油纸绝缘尖端缺陷流注仿真与局部放电机理 ········ 98

　5.1　流注仿真建模 ··················· 98

　5.2　有油隙尖板缺陷的流注仿真与局部放电机理 ···· 105

　5.3　无油隙尖板缺陷的流注仿真与局部放电机理 ···· 111

　5.4　尖端沿面缺陷的流注仿真与局部放电机理 ····· 117

参考文献 ·· 124

6   尖端放电特性在油纸绝缘电老化评估与模式识别中的应用 ·············· 126

6.1   基于小波不变矩的电老化评估方法 ······················· 126

6.2   基于雷达谱图的电老化评估方法 ························· 139

6.3   基于 $\varPhi$-ΔT-N 模式的电老化评估方法 ················· 146

6.4   基于随机森林算法的局部放电模式识别方法 ············ 152

参考文献 ·· 162

局部放电检测方法 1

局部放电（partial discharge，简称局放）是绝缘介质中局部区域击穿导致的放电现象。与击穿或者闪络不同，局部放电是绝缘局部区域的微小击穿，是绝缘劣化的初始现象。可能产生在固体绝缘孔隙中、液体绝缘气泡中或不同介电特性的绝缘层间。如果电场强度高于介质所具有的特定值，也可能发生在液体或固体绝缘中。局部放电不会立即导致绝缘整体的击穿，但其对绝缘介质的危害异常严重。一旦介质中出现局部放电，通过对其周围绝缘介质不断侵蚀，最终会导致整个绝缘系统的失效。电气设备的局部放电测量会在设备出厂、现场试验及设备运行过程中进行，对检测结果的准确分析需要局部放电的强度、模式及定位三方面信息的准确获得。检测技术是局部放电分析的基础，模式识别给出了导致发生局放的原因及类型，定位则给出了局放源的准确位置，而局部放电的强度则给出了当前局部放电活动的剧烈程度，这三方面信息的结合才能进行介质绝缘状态的合理准确评估。局部放电的检测技术一直以来都是局部放电研究领域的重点，本章将对典型的局放检测方法进行介绍并提出一种局放检测新方法。

1.1 典型的局部放电检测方法

1.1.1 脉冲电流法

脉冲电流法是目前唯一有国际标准的局部放电检测方法，它是通过测量在耦合电容侧的检测阻抗两端的脉冲电压或通过罗戈夫斯基（Rogowski）线圈从电力设备的中性点或接地点测取由于局部放电所引起的脉冲电流，可以获得诸如视在放电量、放电相位、放电频次等信息。传统的脉冲电流法可分为宽带和窄带测量两种，宽带检测法的下限检测频率为 $30\sim100kHz$，上限检测频率小于 500kHz，检测频带宽度为 100～400kHz，其具有脉冲分辨率高、信息相对丰富的优点，但信噪比低。窄带检测法的频带宽度较小，一般为 9～30kHz，中心频率为 50kHz～1MHz，其具有灵敏度高、抗干扰能力强的优点，但脉冲分辨率低、信息不够丰富。

针对传统脉冲电流法的不足，近年来有研究者采用更高的检测频带进行局部放电脉冲电流的检测，其采用带宽为 30MHz 的测量阻抗进行局部放电脉冲电流信号的测量，该方法采用独特的基于波形特征分类的数据处理方法进行噪声的剔除，即根据噪声脉冲和局放脉冲在脉冲波形特征上的区别，将脉冲在时域和频域进行变换，计算每个脉冲的等效带宽 W 和等效时间 T，将其投影到 2 维 T-W 平面进行聚类分析，根据噪声聚类和局放信号聚类的不同，得到放电信号和噪声的分离。该方法的流程图和实际效果如图 1-1 所示。

该方法基于局部放电的宽频带测量，采用脉冲波形特征进行噪声的抑制，有别于之前的采用调频进行噪声抑制的思想，近年来得到了广泛的应用，有学者将其利用在交流、直流下多个局部放电源的分离、识别方面，取得了较好的效果。

脉冲电流法多应用于电气设备的出厂试验中，有学者将其应用于变压器等设备的在线监测，并采用极性鉴别的方式进行放电信号和噪声信号的抑制。但总的来说，脉冲电流法测量频率低、频带较窄、信息量相对较少，抗干扰能力

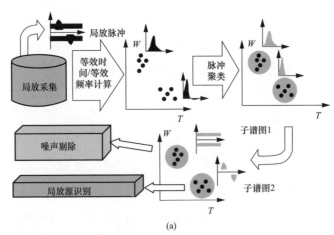

(a)

图 1-1 利用等效时频进行噪声抑制的示意图（一）

（a）流程图

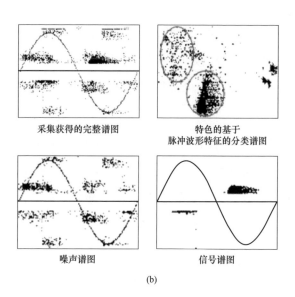

采集获得的完整谱图   特色的基于
                     脉冲波形特征的分类谱图

噪声谱图   信号谱图

(b)

图 1-1　利用等效时频进行噪声抑制的示意图（二）

（b）效果图

较弱，但依据 IEC 60270《高压测试技术　局部放电测量》进行测量，所得数据具有可比性，目前是不可替代的，也是局部放电检测领域最为重要的方法。

1.1.2　超声检测法

在变压器、GIS 等电气设备内部发生局部放电时会产生电荷中和的过程，相应的，会产生较陡的电流脉冲，电流脉冲的作用将使得局部放电发生的局部区域瞬间受热而膨胀，形成类似爆炸的效果，放电结束后，原来受热而膨胀的区域恢复到原来的体积，这种由于局部放电产生的一涨一缩的体积变化引起了介质的疏密瞬间变化，形成超声波，从局部放电点以球面波的方式向四周传播，因此当发生局部放电时也伴随着超声波的产生，SF$_6$ 气体中的超声波产生原理如图 1-2 所示。一方面，局部放电由一连串的脉冲形成，由此产生的声波也是由脉冲形成；另一方面，超声波检测法还可

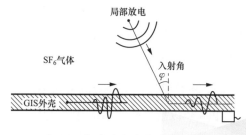

图 1-2　超声波法检测局放示意图

以检测运动颗粒产生的机械波，可用来区分颗粒的运动状态。

局部放电产生的声波频谱分布很宽，约为 $10 \sim 10^7 \, Hz$，监测到的声波频率随着电气设备、放电状态、传播媒质以及环境条件的不同而改变。由于在 SF_6 气体中声波的衰减很大，约为空气中的 20 倍，并且高频分量的衰减要比低频分量大得多，因此能检测到的声波低频分量比较丰富，在 GIS 中，除了局部放电产生的声波外，还有导电微粒碰撞金属外壳、电磁振动以及操作引起的机械波振动等发出的声波，但是这些声波的频率都比较低。在 GIS 的局部放电超声波检测中，超声波传感器的谐振频率一般在 25kHz 左右。而在变压器中，其谐振频率一般在 150kHz 左右。

当电脉冲通过试品时，会产生与电荷分布相关的超声波脉冲，且与空间电荷成比例，这样通过测量超声波信号就可以获得空间电荷的组成部分和存在位置，进一步可以对绝缘材料中的电荷分布进行测量，这些是目前电检测手段无法达到的，GIS 中的金属颗粒跳动时不但会发生局部放电，还会产生大量的机械波，使用超声波的方法可以弥补电检测方法检测不到超声波信号的缺点，通过电声信号的结合，能更好地描绘自由金属颗粒的运动轨迹以及评估其危险性。

因为超声波法检测有如上的特点，所以国内外许多学者一直在进行这方面的研究工作，也取得了不少的成果。20 世纪 80 年代以后，德国瓦菱（Vallen）公司、美国物理声学公司等相继推出声发射信号采集传感器，声发射传感器的灵敏度得到了较大的提高，使得超声无损检测法更广泛应用于电力设备检测。20 世纪 90 年代初，就有学者开始致力于使用超声波检测 GIS 内部松动颗粒和其他放电的理论和实验室的试验情况，研究结果认为使用超声波法可以检测到 GIS 内部故障或缺陷，并且不同缺陷情况下超声波信号在时域和频域上是不相同的，同时提出了超声波在 GIS 腔体内的传播规律。在此研究基础上，研制出的超声波绝缘监测仪检测 GIS、电缆以及变压器等高压电器内部缺陷具有灵敏度高、定位精度高等特点，并且通过标定甚至可以对放电量进行定量分析。

1996 年以后，研究 GIS 中相对较为常见、也较为危险的自由颗粒引起故障的情况较多。研究发现，自由颗粒在 GIS 腔体中飞行时间很长，有可能跳到绝缘子或是其他高场强区而引起闪络。对于这类自由颗粒可以通过超声波信号得到其飞行时间、飞行轨迹等许多有用信息。

常规的局部放电超声波检测采用压电超声波传感器，将超声波信号转化为电信号进行检测并传输。随着光纤技术的发展，近年来有学者开始研究利用光纤本身或者外部敏感元件将超声波信号转化为光强信号的变化，进而通过光敏元件转化为电信号进行局部放电的超声-光检测。较为常用的超声-光检测采用法珀（Fabry-perot）、马赫-曾德尔（Mach-zehnder）和迈克尔逊（Michelson）三种干涉原理。有学者研究了一种基于熔锥耦合原理的超声-光传感器。熔锥耦合技术是指两根除去涂覆层的光纤以一定的方式靠拢，在高温下加热熔融，同时向光纤两端拉伸，最终在熔融区形成双锥形式的特殊波导耦合结构，其结构如图 1-3 所示。

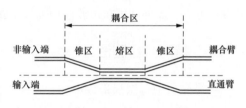

图 1-3 光纤熔锥耦合超声传感器结构图

在熔锥区，两根光纤包层合在一起，纤芯足够逼近，形成弱耦合。此时，两根光纤中传输的光会在锥形耦合区域发生能量耦合交换，随着耦合区的加长，能量的耦合交换呈周期性变化。两臂的分光比主要受耦合长度的影响，因此可以通过对分光比的监测实现对应变的传感。图 1-4 为利用该传感器检测到的油中局部放电信号，其与传统的压电传感器检测到的信号具有较好的一致性。

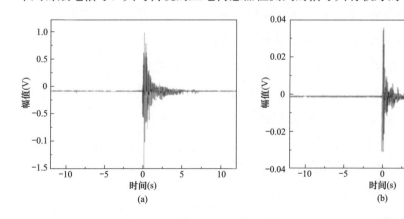

图 1-4 油中不同传感器检测到的局放信号

（a）超声-光纤传感器；（b）压电传感器

由于光纤传感器本质为介电材料，其传输的是光信号，使用上安全性高；另外加上其良好的温度稳定性，因此可应用于高电压、强电磁干扰的恶劣环境；同时光信号衰减小，便于长距离传输，非常适合大型电力变压器等电力设备运行状态的连续在线监测。甚至可以将光纤传感器直接置于材料内部，和材料融为一体形成智能材料和结构。

局部放电的超声波检测具有现场操作简单、应用便捷的特点，一直是现场运行人员局部放电检测的重要手段。在检测方法方面，传统的压电式传感器检测技术已经发展的较为成熟，目前利用光纤进行超声信号的检测是一个具有较大空间的发展方向。此外利用超声波信号进行局放源定位近年来也得到了快速的发展。

1.1.3 特高频检测法

绝缘介质中每次局部放电均会发生正负电荷中和，并伴随有 1 个陡的电流脉冲，同时向周围辐射电磁波。已有研究表明，局部放电所辐射的电磁波的频谱特性与局部放电源的几何形状以及放电间隙的绝缘强度有关。当放电间隙比较小时，放电过程的时间比较短，电流脉冲的陡度比较大，辐射高频电磁波的能力比较强；而放电间隙的绝缘强度比较高时，击穿过程比较快，此时电流脉冲的陡度比较大，辐射高频电磁波的能力也比较强。研究表明，在 SF_6 气体及变压器油纸绝缘中局部放电所辐射出的电磁波频率可达数千兆赫兹的特高频范围。通过对特高频电磁波的检测可实现对局部放电的检测，SF_6 气体中的局部放电特高频电磁波信号及其频谱分布的例子如图 1-5 所示。

局部放电的特高频检测最早是在 GIS 上进行研究并应用，局部放电信号在 GIS 中是以横电磁波（TEM）、横电波（TE）、横磁波（TM）的形式传播的，GIS 的同轴结构相当于导引电磁波的波导管，TE 波与 TM 波在其中传播的截止频率取决 GIS 的结构尺寸，同时由于间隔的作用，1 个 GIS 系统如同一系列的谐振腔，谐振腔中信号传播损耗小，信号传播时间长，通常 1 个纳秒级的局部放电信号可以持续 10ms 以上，有利于信号的检测。

对变压器而言，局部放电通常发生在变压器内的油—隔板绝缘中，由于绝缘结构的复杂性，电磁波在其中传播时会发生多次折反射及衰减，同时，变压

6

器内箱壁也会对电磁波的传播带来不利影响，这就大大增加了局部放电特高频电磁波检测的难度，油中放电上升沿很陡，脉冲宽度多为纳秒级，能激励起大于1GHz的特高频电磁波，该研究还在实验室中检测到了变压器油中几种典型缺陷放电的特高频信号，并将研制的特高频天线插入实际变压器的油阀中，天线面与油箱内壁在同一平面上，将所测得信号通过一个波导结构从变压器中导出并送入检测装置，这样电磁波到达传感器时衰减较少，同时波导结构也有利于电磁波的无损传播，从而提高特高频法的检测灵敏度（可达10pC）。

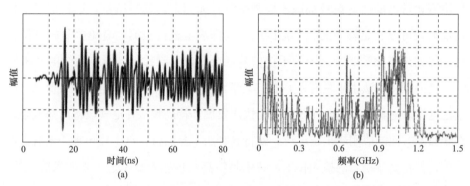

(a)

图 1-5　SF$_6$ 气体中的局放特高频电磁波信号及其频谱分布

（a）特高频信号；（b）频谱分布

特高频法局部放电检测的方法有特高频窄带检测法和特高频宽带检测法两种，其区别如图 1-6 所示。

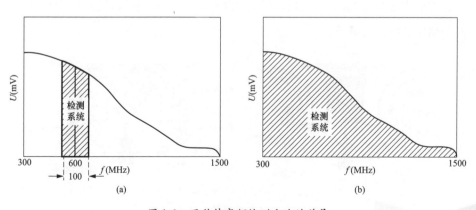

图 1-6　两种特高频检测方法的差异

（a）特高频窄带检测法；（b）特高频宽带检测法

特高频窄带测量的中心频率通常为几百兆赫兹、带宽为几十兆赫兹，如图 1-6（a）所示，以选择中心频率 600MHz、带宽 100MHz 为例，则送入检测系统的频带为 550～650MHz，窄带检测方法可以任意选择频带，因而可避开现场的许多干扰，能较有效地抑制外部干扰和提高信噪比，但其检测的是一个较窄频带内的信号，检测信号的能量会受到限制。

西安交通大学的特高频局放检测是典型的窄带检测设备，其采用混频的方法实现特高频信号的窄带检测，并在现场得到了较好的效果。而宽带检测法则将检测频带内的所有信号都送入检测系统，如图 1-6（b）所示，这种情况下信息量大，可以在足够宽的频率范围内对局部放电进行检测，避免遗漏放电特征峰。但如果有检测频带之内的干扰信号，会造成信噪比低，影响后续的分析。

特高频检测法由于具有良好的抗电晕性能而适合于局部放电的在线监测，特别是近年来随着局部放电在线监测的快速发展，特高频法在电气设备局部放电的在线监测方面的应用越来越广泛。就特高频法本身而言，近十几年来并未有大的改变，但特高频信号的检测技术，特别是特高频传感器技术近年来的发展较快，涌现出了一系列不同结构、不同形式及适用于不同场合的特高频传感器。

对 GIS 进行特高频局部放电检测的传感器主要有内置式和外置式两种。内置传感器中常用的是平板式和锥形传感器，平板式传感器为 300MHz～3GHz 时具有优良的频率响应特性，当信号的频率越高时，传感器的增益越大。锥形阻抗与电缆匹配，这种传感器的灵敏度高于平板式传感器。两种传感器的结构如图 1-7 所示。

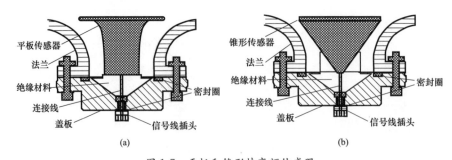

图 1-7　平板和锥形特高频传感器

（a）平板传感器；（b）锥形传感器

8

双螺旋阿基米德天线和平面等角螺旋天线也是两种应用较为广泛的特高频传感器。这两种传感器的结构形式如图 1-8 所示。

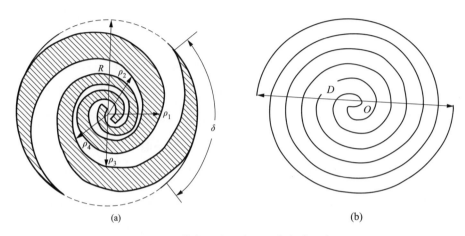

图 1-8　等角螺旋天线和阿基米德天线

（a）等角螺旋天线；（b）阿基米德天线

R—天线半径；δ—旋转角；ρ_i（$i=1,2,3,4$）—扇面半径；O—原点；D—天线直径

随着分形技术的发展，近年来出现了一种基于分形思想的特高频传感器。分形传感器可实现传感器的小型化和多频带。分形传感器中，希尔伯特（Hibert）分形天线结构简单、性能优良。这种天线图形连续，不存在交叉点，曲线自相似迭代，随着分形阶数的增加，从 1 维空间填充到 2 维空间。图 1-9 为 3 阶和 4 阶希尔伯特分形天线。

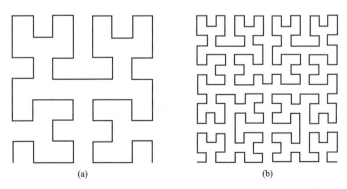

图 1-9　希尔伯特分形天线

（a）3 阶；（b）4 阶

特高频传感器的研究是近年来的一个热点，除了以上较为成熟的传感器，圆环形、半圆板偶极子天线、二次元对数周期天线等大量的新型传感器形式不断涌现，它们具有各自的优缺点，但其应用效果还需要进行现场的进一步验证。

目前使用较多的特高频传感器均是无源型，也有学者将信号的滤波、放大等信号处理单元与传感器集成，形成有源传感器。有源传感器信号就地处理，减少了传输中的损耗，但其供电通常采用电池，使用方面没有无源传感器方便。总体而言，对于特高频局部放电检测，其与脉冲电流法在频带上具有较大差异，在检测方法上脉冲电流法主要是"路"的检测，而特高频法主要是"场"的检测，虽然二者检测的是同一个物理现象，但由于检测量的不同，二者之间至今没有建立起一个一一对应的关系，但二者之间的变化趋势是一致的。目前的国内外学者基本认同脉冲电流法检测的单位皮库（pC）和特高频法检测的单位分贝（dB）之间不存在确定的定量对应关系，普遍认为在放电量大小的表征上两种检测方法应各自使用各自的单位，两种检测方法对缺陷检测的灵敏度是相当的。

1.1.4 化学检测法

脉冲电流法、特高频法和超声波法一直是电气设备局部放电检测方面的主要方法，在现场均得到了广泛的应用。除了这三种方法外，化学检测法也处于快速发展中，有的也已经在现场得到了应用，并成为现场局放检测的重要手段。

绝缘材料在局部放电的作用下会发生分解，生成各种新的产物，因此可以通过检测这些新的分解产物的组成和含量来进行局部放电的检测。目前对于变压器等油纸绝缘设备采用色谱技术进行油中溶解气体的检测来判断变压器的内部故障发展的较为成熟，已经广泛应用于变压器的在线故障诊断中。相关的国家标准也给出了基于特征气体的故障类型判断方法。大量的研究者研究了利用智能算法进行油中溶解气体的故障诊断。

随着仪器技术的进步，近年来在 SF_6 气体绝缘设备中应用气体分解产物进行局部放电的检测得到了快速的发展，并在现场得到了迅速的应用。SF_6 在局部放电的作用下会发生分解，生成多种类型的气体产物，其气体分解产物的种类和含量受到放电强度、放电类型、电极材料、微水含量、气压等因素的影响，利用分解产物可实现对 SF_6 绝缘类设备的故障诊断。近年来众多研究者对 SF_6 在放电条件下的分解机制及分解过程、SF_6 气体分解产物的检测方法、影响 SF_6 气体分解产物的各种因素及利用 SF_6 气体分解产物进行放电类型识别等相关内容进行了大量研究，取得了大量的成果，有力地推动了该方面研究的进展。

但利用化学方法进行局部放电的检测存在灵敏度不如以上电测法和声测法、且对较短时间内发生的放电故障难以发现，目前通常和其他方法相结合进行局部放电的检测和判断。

对于电气设备局部放电的检测而言，目前脉冲电流法、特高频法和超声波法是主流检测方法，分解产物测量等化学检测法是其有力的补充，几种方法各有其优缺点，互相补充可以实现局部放电较为准确的测量和判断。

1.2 可同步获取电压相位的非接触检测方法

在对局部放电进行测量时，通常还要同时获取电力设备的工频电压波形信号，绘制局部放电相位分布（phase resolved partial discharge，PRPD）谱图，对局部放电发生的相位和放电重复率等信息进行记录和分析。而目前的检测方法一般需从电压互感器侧取工频电压信息作为参考，因此存在电压互感器角差较大、有绝缘安全隐患以及使用不便的缺点，不利于在局部放电在线监测中应用。而利用空间电容耦合方法实现对电压相位的非接触式同步测量则可以有效解决上述问题。

1.2.1 原理介绍

利用电容耦合原理测量电压波形的原理类似于电容分压器，其中利用差分

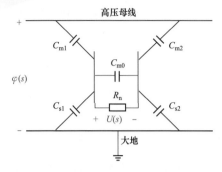

图 1-10　电压波形测量原理图

电极测量电压波形的原理图如图 1-10 所示。可以认为高压臂为两个差分电极对被测物体的耦合电容 C_{m1}、C_{m2} 以及对地的耦合电容 C_{s1}、C_{s2}，低压臂为两个电极间的互电容 C_{m0}，而 R_n 为差分信号处理电路的输入阻抗。

可以求解出此电路结构的传递函数为

$$H(s) = \frac{U(s)}{\varphi(s)} = \frac{sC_1R_n}{sC_2R_n + 1} \tag{1-1}$$

$$C_1 = \frac{C_{m1}C_{m2} - C_{m2}C_{s1}}{C_{m1} + C_{m2} + C_{s1} + C_{s2}}$$

$$C_2 = \frac{C_{m1}C_{m2} + C_{m1}C_{s2} + C_{s1}C_{m2} + C_{s1}C_{s2}}{C_{m1} + C_{m2} + C_{s1} + C_{s2}} + C_{m0}$$

式中：$U(s)$ 为两差分电极间的电势差；$\varphi(s)$ 为高母线对地电压。

因此，若假设 $C_1 > 0$，则其幅频响应函数和相频响应函数分别为

$$|H(\omega)| = \frac{C_1R_n}{\sqrt{(C_2R_n)^2 + \dfrac{1}{\omega^2}}} \tag{1-2}$$

$$\angle H(\omega) = \arctan \frac{1}{C_2R_n\omega} \tag{1-3}$$

当满足 $C_2R_n \gg \dfrac{1}{\omega}$ 时，可以认为其幅频响应 $|H(\omega)| = \dfrac{C_1}{C_2}$，相频响应 $\angle H(\omega) = 0$。若使差分电极在工频下能够满足自积分条件，其便可如实获取高压母线的电压波形。由差分电极的自积分条件 $C_2R_n \gg \dfrac{1}{\omega}$ 和满足自积分条件时的幅频响应 $|H(\omega)| = \dfrac{C_1}{C_2}$ 可知，选取合适的 R_n 和 C_2 是提高电场探头准确性和输出电压幅值的关键。有文献提出了利用集成电容代替差分电极间互电容 C_{m0} 的方法，认为 $C_2 \approx C_{m0}$，并用实验验证了其可行性。对于电压波形的测量，一般可选取 C_{m0} 为纳法拉级别，相对应的 R_n 应为兆欧姆级别。

对于电场耦合原理，其不可避免地会耦合到除被测物体外其他设备产生的电压，而利用差分电极则可以有效地减小来自其他方向干扰源造成的误差。以平行排列的三相高压母线为例，如图1-11所示，差分电极为两片面积相同的平行金属片，测量时，差分电极中的一片电极对准被测相母线，此时被测相母线电压对于差分电极而言为差模信号，而其他两相母

图1-11　差分电极减小其他方向干扰

线由于在差分电极的侧面且距电极有较远的距离，所以其电压对于差分电极而言可视为共模信号。利用高共模抑制比的仪表放大器即可有效抑制共模信号，放大差模信号，实现对干扰的抑制。

1.2.2　优缺点分析及应用案例

在实际应用中，为了尽可能减小干扰源造成的误差，两差分电极设计时应遵循面积较小、间距较近的原则。此外，连接线和后端差分信号处理电路的设计同样至关重要。连接线、信号处理电路和差分电极直接相连且具有大量金属结构，若不进行特殊设计，干扰源会在电路上耦合出不可忽视的差模信号，造成测量结果具有较大误差。差分电极与信号处理电路之间的连接线可以采用双绞线，信号处理电路的信号输入端采用对称式设计，使连接线和信号处理电路耦合到的信号相对于差分电极而言为共模信号，减小测量误差。

设计完成的电压波形传感器原理图如图1-12所示，其中面积为$4cm^2$的方形差分电极印制于电路板正反两面，两个$10M\Omega$电阻为差分放大器INA111AU的输入端提供对地直流通路和$20M\Omega$的输入阻抗。差分电极间的电容C_{m0}选取为$200nF$，差分放大器的放大倍数可根据需要灵活调节。

分别利用电压波形传感器对单相母线电压波形和三相母线电压波形进行测量，测量时同时利用电容分压器对母线电压波形进行采集作为标准参考波形。对电压波形传感器和电容分压器采集到的信号进行快速傅里叶变换（fast Fourier transform，FFT），可以获得两路信号波形间的相位差。对于单相母线电压波形的测量而言，工频相位的平均误差为 0.084°，对于三相母线电压波形测量时的工频相位差如表 1-1 所示。

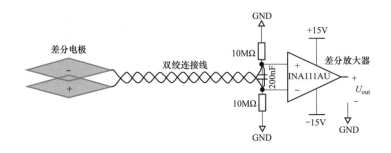

图 1-12　电压波形传感器原理图

表 1-1　　　　　　　电压波形传感器测量三相母线电压波形时的相位差

相别	A 相	B 相	C 相
相位差(°)	−0.712	0.136	0.390

根据表 1-1 可以看出，电压波形传感器具有良好的抗干扰能力，在测量三相母线电压波形时具有较高精度，但三相电压对其测量结果仍有不可忽略的影响。A、C 两相的相位误差相对于单相情况下而言有较为明显的增大，而 B 相略有增大但不明显，且测得的 A 相电压波形滞后于母线电压，C 相电压波形超前于母线电压。

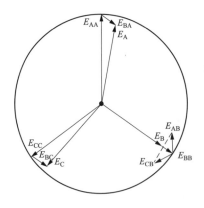

图 1-13　三相母线相间干扰关系图

这是由于三相一字排列的母线在运行时，相间电场耦合的结果。为了简化分析模型，考虑到电场强度与距离的平方成反比，可忽略 A、C 相间的干扰，仅考虑 A 与 B、B 与 C 相间的电场干扰。对于正序网络而言，其相间干扰关系如图 1-13 所示。由于 A、C 相母线附近的电场受到 B 相电场的干扰，叠加后的电场的相位分别会滞后与超前于母线电压的相位。而对于 B 相，其附近的电场受 A、C 相干扰的影响后相位不变，只是场强略有减小。

利用电容耦合方法实现对电压波形和相位的无接触测量，具有精度高、无绝缘问题以及传感器体积较小的特点；但其适用范围有限，对于封闭式设备，则无法通过电容耦合感应信号，且较为复杂的电场环境也会对传感器的准确性造成一定的影响，此外，此类传感器为有源传感器，需要额外的电源进行供电，这些缺点对此类传感器的应用造成了一定的限制。

参考文献

[1] Cavallini A，Montanari G C. PD inference for the early detection of electrical treeing in insulation systems [J]. IEEE Transactions on Dielectrics and Electrical Insulation，2004，11（4）：724-734.

[2] Si W R，Li J H，Yuan P，et al. Digital detection，grouping and classification of partial discharge signals at DC voltage [J]. IEEE Transactions on Dielectrics and Electrical Insulation，2008，15（6）：1663-1674.

[3] Lundgaard L E，Runde M，Skyberg B. Acoustic diagnosis of gas insulated substations-a theoretical and experimental basis [J]. IEEE Transactions on Power Delivery，1990，5（4）：1751-1759.

[4] 祁海峰，马良柱，常军，等. 熔锥耦合型光纤声发射传感器系统及其应用 [J]. 无损检测，2008，30（6）：66-69.

[5] 袁鹏. 油纸绝缘电力变压器局部放电的超高频特性及在线监测应用研究 [D]. 西安：西安交通大学，2009：22-35.

[6] 汲胜昌，钟理鹏，刘凯，等. SF_6 放电分解组分分析及其应用的研究现状与发展 [J]. 中国电机工程学报，2015，35（9）：2318-2332.

[7] Ji Shengchang，Zhong Lipeng，Liu Kai，et al. Research status and development of SF_6 decomposition components analysis under discharge and its application [J]. Proceedings of the CSEE，2015，35（9）：2318-2332.

[8] 李小建. 氧化锌避雷器阻性电流的准确测量 [J]. 云南电力技术，2001，29（04）：19-21.

[9] 高参，汪金刚，杨杰，等. 基于电场逆问题的 D-dot 电压传感器的设计与仿真 [J].

电工技术学报，2016，31（04）：36-42.

[10] LAWRENCE D，DONNAL J S，LEEB S，et al. Non-Contact Measurement of Line Voltage [J]. IEEE Sensors Journal，2016，16（24）：8990-8997.

工频交流电压下油纸绝缘尖端缺陷局部放电特性

工频变压器是电力系统中数量最多，承担输电容量最多的变压器，变压器的绝缘状态与电力系统的稳定运行息息相关。油纸绝缘是油浸式电力变压器的重要组成形式，对工频交流下的油纸绝缘局部放电特性进行研究具有重要的意义。此外，工频交流下的油纸绝缘局部放电特性也是对交直流复合电压以及含谐波的交直流复合电压下油纸绝缘局部放电特性进行研究的基础。本章将以有油隙尖板缺陷、无油隙尖板缺陷以及尖板沿面缺陷三种典型缺陷类型为例对交流电影里下油纸绝缘尖端缺陷的局部放电特性进行介绍。

2.1 有油隙尖板缺陷的局部放电特性

有油隙针板模型模拟变压器绕组产生的尖端未与纸板接触，且产生油隙放电的情况，可产生油隙电弧，导致局部发热。本节将从局部放电典型特征量、局放谱图特性、局放脉冲特性三个方面对有油隙针板模型的局部放电特性进行介绍。

2.1.1 局放典型特征随时间变化趋势

由于油隙放电的落点不固定，纸板不会在某一固定位置迅速劣化，因此纸板难以击穿（电老化过程漫长）。局放典型特征只在电老化过程的前 5～6h 存在明显变化，故只讨论 6h 内的局放典型特征随时间的变化趋势。

平均视在放电量 Q_{ave} 与放电重复率 F_{nc}（其量纲为每工频周期的放电次数，记为 N/C）随时间变化趋势如图 2-1 所示，可以看出，变化趋势具有明显极性效应：负极性局放的 Q_{ave} 与 F_{nc} 较高。交流电压下，Q_{ave} 与 F_{nc} 先随时间增加，再趋于稳定，其原因与油中含水量和含气量不断增加最后饱和有关；正极性局放的 Q_{ave} 与 F_{nc} 增量较高，因为纸板吸附负极性粒子的能力较强，甚至在交流电压下纸板内部与油-纸界面也会逐渐积累少量负电荷，使正极性电压下的放电频率与视在放电量增加更快。

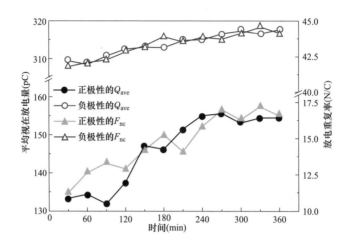

图 2-1 Q_{ave} 与 F_{nc} 随时间的变化趋势

脉冲平均等效频率 F_{eqave} 与脉冲平均等效时间 T_{eqave} 随时间的变化趋势如图 2-2 所示，其波动性反映了局放脉冲的随机性与分散性。F_{eqave} 与 T_{eqave} 具有明显极性效应：负极性局放的 F_{eqave} 与 T_{eqave} 分别较高和较低，说明负极性局放脉冲具有较快的上升沿与较窄的脉宽。

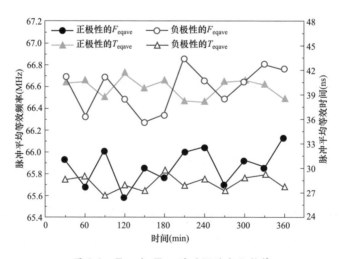

图 2-2 F_{eqave} 与 T_{eqave} 随时间的变化趋势

2.1.2　谱图特性

交流电压下的 PRPD 谱图如图 2-3 所示。负极性局放的最大视在放电量 Q_{max}、最大平均放电量 Q_{ave} 与视在放电量的分散性始终较高，体现了明显的极性效应。整个电老化过程中，PRPD 谱图分布基本不变：正极性局放通常发生在 45°附近，负极性局放通常发生在 225°附近，即都发生在电压幅值与梯度较大的相位，这是因为较高的电压更容易产生流注（放电通道），变化较快的电压更容易打破现有分压平衡，使外电路通过放电通道对缺陷充放电而产生脉冲电流。随着电老化程度的加深，交流电压峰值处也会出现少量局放，这是油中气体与断裂的纸板纤维引起的气泡放电与小桥放电。

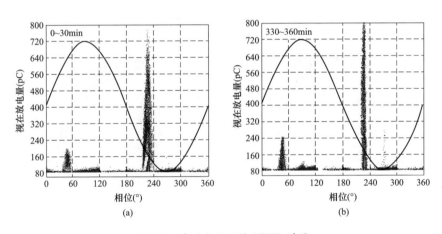

图 2-3　交流电压下的 PRPD 谱图

（a）0～30min；（b）330～360min

交流电压下的等效时频谱图如图 2-4 所示，谱图分布随时间无明显变化，始终呈半拱形，说明等效频率 F_{eq} 与等效时间 T_{eq} 负相关。交流正半周的等效时频谱图分布更集中于拱顶，表明交流正半周的局放脉冲在波形上差异较小，分散性较低。

2.1.3　脉冲波形特性

交流电压下典型局放脉冲波形如图 2-5 所示，正极性局放波形为单峰脉冲，而负极性局放波形具有一个主峰与多个二次小波峰，且其脉宽较窄、上升沿与下降沿较快，这是因为电子迁移率与扩散率远高于离子，从而使负极性流注发展更快。正极性局放脉冲波峰的微弱振荡是由白噪声引起的（去噪后消失），负极性局放脉冲波尾处的微弱二次波峰则表明主放电后伴随有少量微弱的二次放电。

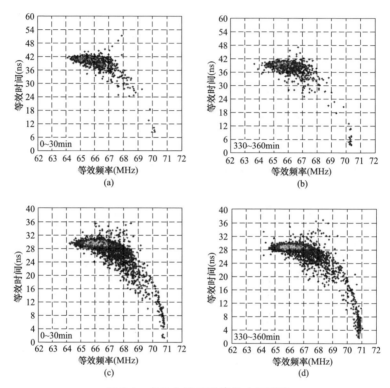

图 2-4 交流电压下的等效时频谱图

（a）正半周 0～30min；（b）正半周 330～360min；（c）负半周 0～30min；（d）负半周 330～360min

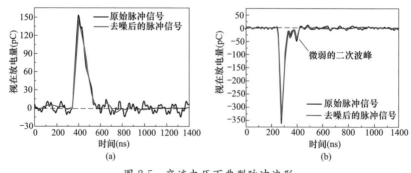

图 2-5 交流电压下典型脉冲波形

（a）交流正半周；（b）交流负半周

2.2 无油隙尖板缺陷的局部放电特性

无油隙针板模型模拟变压器绕组产生的尖端与纸板接触，且产生尖端及纸板内部放电的情况，可导致纸板内部击穿。本节将从局部放电典型特征随时间变化趋势、基于模糊聚类的电老化阶段划分、局放谱图特性及其演变规律、不同电老化阶段的局部放电脉冲波形特性四个方面对无油隙针板模型的局部放电特性进行介绍。

2.2.1 局放典型特征随时间变化趋势

交流电压下无油隙尖板缺陷局放典型特征随时间的变化趋势如图 2-6 所示。电老化初期，Q_{ave} 与 F_{nc} 极低且变化缓慢，表明纸板劣化不严重且电老化过程缓慢发展，而 F_{eqave} 与 T_{eqave} 并无明显规律，因为极少的放电无法体现 F_{eqave} 与 T_{eqave} 的统计规律；电老化中期，Q_{ave} 与 F_{nc} 迅速增加，并有可能在峰值附近稳定一段时间，说明此时局放剧烈且纸板正在迅速劣化，F_{eqave} 与 T_{eqave} 逐渐体现出统计规律，即 F_{eqave} 较高、T_{eqave} 较低，表明局放脉冲波形上升沿较快，脉宽较窄；电老化末期，F_{eqave} 减小、T_{eqave} 增加，表明局放脉冲波形上升沿变缓，脉宽变长，Q_{ave} 与 F_{nc} 迅速降低并趋于稳定，说明此时局放减弱。

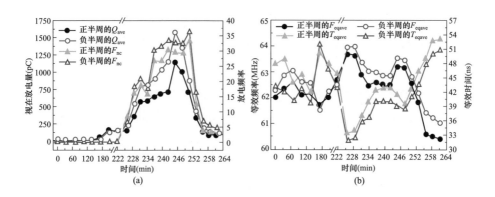

图 2-6 交流电压下局放典型特征随时间的变化趋势

（a）Q_{ave} 与 F_{nc}；（b）F_{eqave} 与 T_{eqave}

由图 2-6 可知，电老化初期，由于放电次数极少，局放典型特征没有体现出极性效应；电老化中期与末期，负极性局放的 Q_{ave}、F_{nc} 与 F_{eqave} 较大，而正极性局放的 T_{eqave} 较大。无油隙油纸绝缘局放在电老化中后期体现的极性效应与有油隙油纸绝缘的相似，说明电老化中后期的局放性质与油隙放电类似。

2.2.2 基于模糊聚类的电老化阶段划分

无油隙油纸绝缘在极不均匀电场下的电老化速度快、危害大，有必要对纸板电老化状态进行评估和预测，而电老化状态评估与预测的基础是电老化阶段划分。局放典型特征在电老化过程中的变化规律明显，根据这些变化规律进行电老化阶段划分具有物理意义。然而，局放典型特征随时间变化趋势的拐点随机性大且不明显，拐点的位置不仅与局放本身有关，也与采样方式有关，直接根据拐点进行阶段划分缺乏细致性与普遍性。因此，以局放典型特征为初始特征量，采用模糊聚类分析，根据不同置信水平得到不同类别数的聚类结果，最后选择与典型特征随时间变化曲线最相符的结果。

无油隙油纸绝缘的局放典型特征随时间变化趋势具有普遍性，几乎不受直流分量比例影响。因此，依据局放特征随时间变化趋势的电老化阶段划分方法与结果在不同直流分量下均适用。以 1∶1 交直流复合电压为例，总结电老化阶段划分的过程与结果。

除 Q_{ave}、F_{nc}、T_{eqave}、F_{eqave} 外，再补充两个局放特征：局放最大视在放电量 Q_{max} 与放电最大时间间隔 d_{max}，构成 $[Q_{max}, Q_{ave}, F_{nc}, d_{max}, T_{eqave}, F_{eqave}]$ 的六维初始特征空间，提高初始特征维度，使之涵盖更多的局放信息，增强分类可信度。

模糊聚类分析的流程图如图 2-7（a）所示，其步骤如下：

（1）对数据进行平移极差归一化变换，消除特征量之间量级与量纲的影响。

（2）建立模糊相似矩阵。建立方法选择常用的相关系数法，即

$$r_{ij} = \frac{\sum\limits_{k=1}^{n} \left(|x_{ik} - \overline{x_k}| \cdot |x_{jk} - \overline{x_k}| \right)}{\sqrt{\sum\limits_{k=1}^{n} (x_{ik} - \overline{x_k})^2} \cdot \sqrt{\sum\limits_{k=1}^{n} (x_{jk} - \overline{x_k})^2}}$$

$$\overline{x_k} = \frac{1}{n}\sum_{p=1}^{n} x_{pk} \qquad (2\text{-}1)$$

式中：r_{ij} 是样本集中任意两个样本 X_i 与 X_j 之间的相关系数，是模糊相似矩阵 $\boldsymbol{R}_c$ 中的元素；x_{ik} 表示第 i 个样本中的第 k 类特征量。

（3）建立模糊等价矩阵。对模糊矩阵进行褶积运算：$\boldsymbol{R}_c \rightarrow \boldsymbol{R}_c^2 \rightarrow \cdots \rightarrow \boldsymbol{R}_c^n$，经过有限次的褶积运算后使得 $\boldsymbol{R}_c^n \cdot \boldsymbol{R}_c = \boldsymbol{R}_c^n$，由此得到模糊等价矩阵 $\boldsymbol{R}_c^n$。

（4）进行聚类。给定不同的置信水平 λ_c，求得相应的 $\boldsymbol{R}_{c\lambda c}$ 矩阵，得到最终分类关系。根据不同置信水平 λ_c 得到 27 个样本的树形聚类图，见图 2-7 （b）。

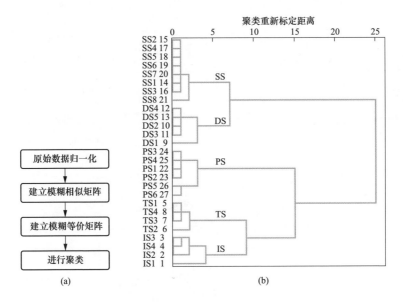

图 2-7　纸板电老化阶段划分的流程图与结果图
（a）聚类流程图；（b）树形聚类图

根据图 2-7 （b）所示的树状聚类图，可将 1∶1 交/正直流复合电压下无油隙针板模型中油纸绝缘电老化过程划分为五个阶段：起始阶段（initial stage，IS）、过渡阶段（transitory stage，TS）、发展阶段（developmental stage，DS）、稳定阶段（stable stage，SS）、预击穿阶段（pre-breakdown stage，PS）。由表 2-1 可知，各阶段包含的样本编号连续，另外，上述六个局放特征量在各个电老化阶段的变化趋势如图 2-8 所示，分类结果与特征量的时间发展规律基本吻合，各阶段边界与特征量变化曲线的拐点基本对应，说明阶段划分结果具有物理意义。

表 2-1 电老化阶段的划分结果

电老化阶段	样本编号	电老化阶段	样本编号
起始阶段（IS）	1～4	稳定阶段（SS）	14～21
过渡阶段（TS）	5～8	预击穿阶段（PS）	22～27
发展阶段（DS）	9～13	—	—

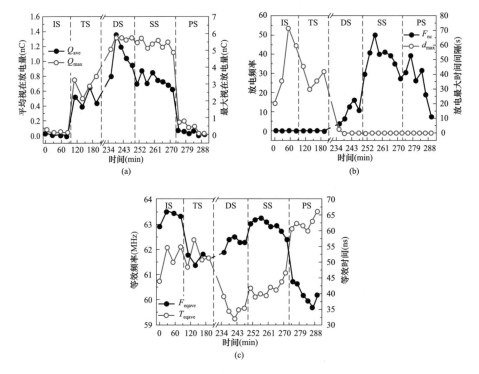

图 2-8 1∶1 交/正直流复合电压下局放特征量变化趋势

（a）Q_{ave} 与 Q_{max}；（b）F_{nc} 与 d_{max}；（c）F_{eqave} 与 T_{eqave}

根据图 2-8 进一步分析各阶段局放典型特征的时间变化规律。起始阶段，Q_{ave}、Q_{max} 与 F_{nc} 极低，d_{max} 较高，F_{eqave} 与 T_{eqave} 波动性较大，无统计规律，说明此时放电并不剧烈但随机性极大；过渡阶段，Q_{ave} 与 Q_{max} 明显增加，说明此时油中可能出现气泡或纤维杂质，引起高幅值的小桥放电；发展阶段，Q_{ave} 与

24

Q_{max} 持续增加并达到峰值，F_{nc} 增加而 d_{max} 减小，F_{eqave} 较高而 T_{eqave} 较低，此时局放活动加剧，使得纸板出现凹陷而不再与针电极接触，放电模式逐渐转变为油隙流注放电，放电进一步加剧，另外，流注放电能量较大，发展较快，使得 F_{eqave} 较高而 T_{eqave} 较低；稳定阶段，Q_{ave} 与 Q_{max} 虽有下降但稳定于较高值，F_{nc} 持续增加至峰值而 d_{max} 极小，此时纸板凹陷加深缓慢，延长的油隙减弱了流注放电的幅值，而局放产生的气泡与杂质会进一步引起放电，使 F_{nc} 增加；预击穿阶段，Q_{ave}、Q_{max} 与 F_{nc} 明显降低，F_{eqave} 降低而 T_{eqave} 增加，可能的原因有：①纸面凹陷进一步加深，而流注无法传播至凹陷底部，将斜向击中凹陷侧壁，转变为幅值较小的沿面放电；②纸板内部产生的大量气泡聚集在纸板凹陷之中，气泡对流注的阻碍作用使其在油—气界面转变为幅值较低的沿面放电。

2.2.3 局放谱图特性及其演变规律

由于电老化起始阶段局放次数极低，谱图无法体现统计规律，因此暂不考虑此阶段的局放谱图。

交流电压下的 PRPD 谱图（见图 2-9）中局放分布较广，放电多位于交流电压的上升沿与峰值处，甚至出现全相位放电，但正半周与负半周的局放平均相位分别靠近 45° 与 225°。由 PRPD 谱图亦可看出：①随纸板电老化，正半周与负半周的 Q_{ave} 均先增加后下降，与图 2-6（a）吻合；②局放最大视在放电量 Q_{max} 均出现在交流电压峰值附近，具有先增加后下降的趋势，但不存在明显的极性效应；③局放无滞后现象，即局放极性与电压极性始终一致。

交流电压下的等效时频谱图如图 2-10 和图 2-11 所示，无论在正半周还是负半周，局放等效时频谱图均为半拱形，其中 $F_{eq} \in [59, 65]$ 且 $T_{eq} \in [4, 56]$。随电老化发展，谱图重心由拱顶逐渐移至拱底，再由拱底移至拱顶，最后局放集中于拱顶且拱底消失，此现象符合图 2-6（b）中 F_{eqave} 与 T_{eqave} 的演变规律，说明纸板电老化过程中，局放脉冲由缓上升沿长脉宽的波形转变为陡上升沿短脉宽的波形，再转变回缓上升沿长脉宽的波形。在电老化发展阶段（$t=$ 222min），等效时频谱图中出现了垂直分布于高等效频率处（$F_{eq} \approx 65$MHz）的局放，此现象在交流负半周更为明显，这些上升沿较陡但脉宽不同的脉冲出现时间较短，随电老化发展逐渐消失。等效时频谱图无法反映 F_{eqave} 与 T_{eqave} 的极性效应，但可反映出正极性与负极性局放在等效时频域的分散性无明显差异。

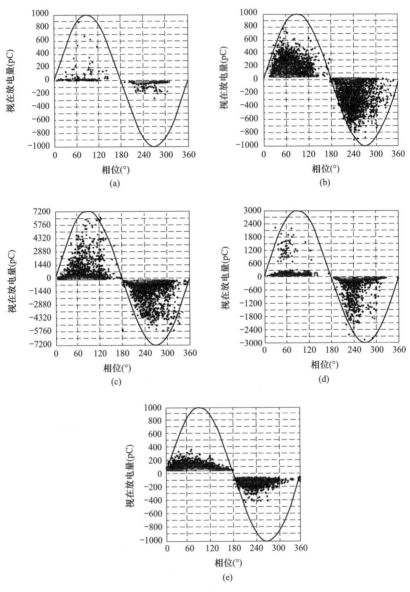

图 2-9　交流电压下的 PRPD 谱图

（a）$t=150\text{min}$；（b）$t=222\text{min}$；（c）$t=231\text{min}$；（d）$t=255\text{min}$；（e）$t=261\text{min}$

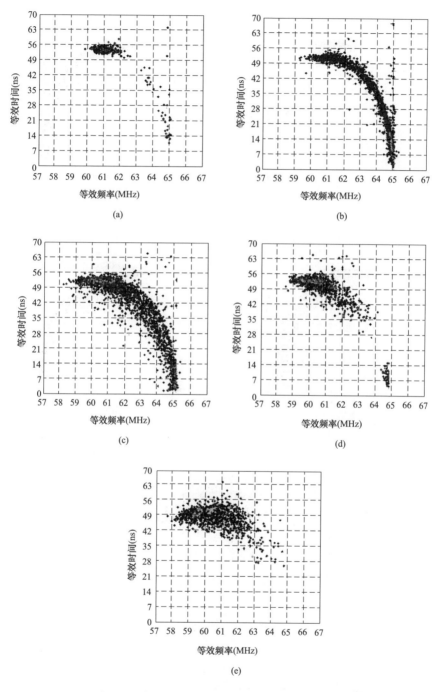

图 2-10　交流电压下正半周对应的等效时频谱图

（a）$t=150\text{min}$；（b）$t=222\text{min}$；（c）$t=231\text{min}$；（d）$t=255\text{min}$；（e）$t=261\text{min}$

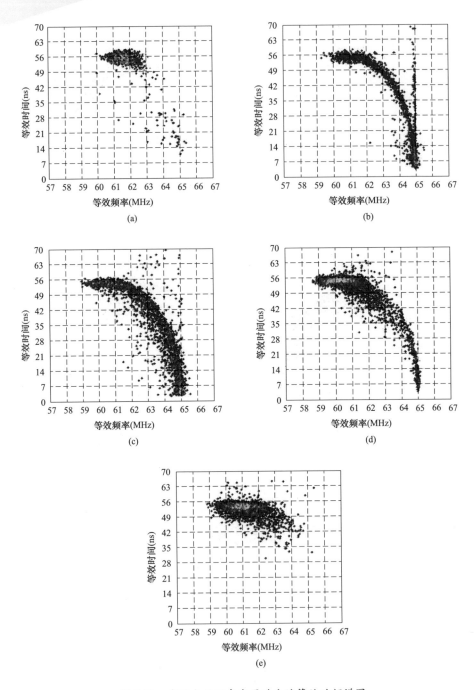

图 2-11　交流电压下负半周对应的等效时频谱图

（a）$t=150\text{min}$；（b）$t=222\text{min}$；（c）$t=231\text{min}$；（d）$t=255\text{min}$；（e）$t=261\text{min}$

为进一步研究局放视在放电量绝对值 Q_{abs} 与等效时频的内在联系，建立了 Q_{abs}-F_{eq} 谱图与 Q_{abs}-T_{eq} 谱图，此类谱图在电老化过程中具有普遍规律，这里讨论有可能出现"尾巴"的发展或稳定阶段，交流电压下的 Q_{abs}-F_{eq} 谱图如图 2-12 所示。

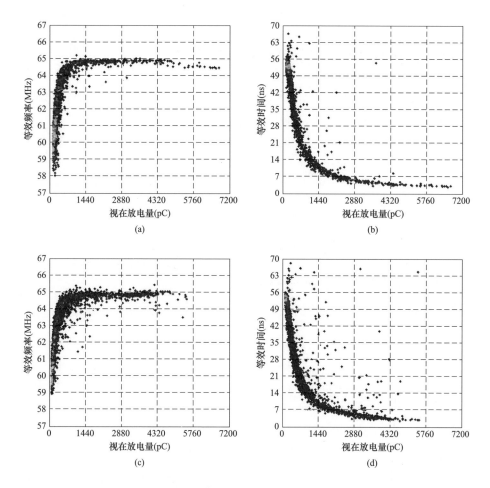

图 2-12 交流电压下等效时频与放电量的关系（$t=231$min）

（a）正半周等效频率；（b）正半周等效时间；（c）负半周等效频率；（d）负半周等效时间

局放可分为：①F_{eq} 集中且较高，T_{eq} 集中且较低，Q_{abs} 分散且较高的"强"放电；②F_{eq} 与 T_{eq} 分散，Q_{abs} 集中且较低的"弱"放电。此现象说明随着视在放电量的增加，局放脉冲的 F_{eq} 与 T_{eq} 将分别逐渐稳定在较高与较低的值，形成高幅值的短脉冲，这是由于高能流注或沿面放电不仅能引起大量电荷注入，而且发展速度快，注入电荷能迅速建立新的分压平衡。然而，低能流注或沿面放电在发展过程中可能退化为电晕放电，随后又有可能再演变为流注或沿面放电，使其放电发展速度与持续时间分散性较大，进而使局放脉冲的 F_{eq} 与 T_{eq} 分散性大。

2.2.4 不同电老化阶段的局放脉冲波形特性

电老化阶段对无油隙油纸绝缘的局放脉冲波形影响较大，不同电老化阶段的局放脉冲如图 2-13 和图 2-14 所示。

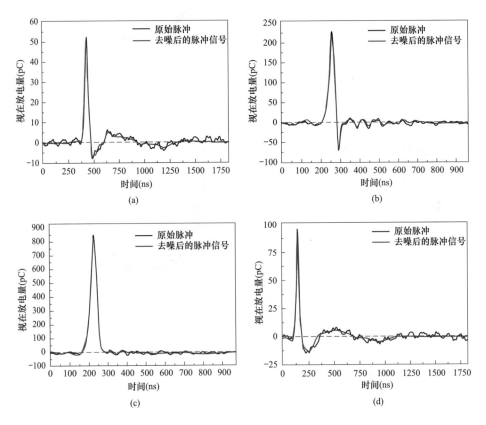

图 2-13 不同电老化阶段的正极性局放脉冲波形

(a) IS；(b) TS；(c) DS 与 SS；(d) PS

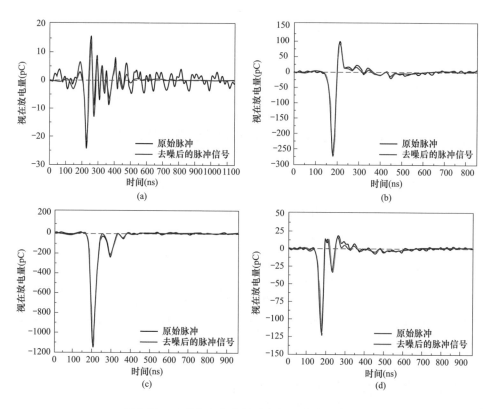

图 2-14 不同电老化阶段的负极性局放脉冲波形

(a) IS；(b) TS；(c) DS 与 SS；(d) PS

电老化起始阶段，正/负局放脉冲均为欠阻尼振荡波形，但正极性局放脉冲振荡缓慢而脉宽较长，负极性局放脉冲振荡频繁剧烈而脉宽较窄，形如电晕放电脉冲波形；电老化过渡阶段，正/负局放脉冲仍为欠阻尼振荡波形，但脉冲上升沿、下降沿、脉宽差异不大，持续时间短且幅值低的振荡说明过渡阶段的局放过程中存在速度快但幅值低的反向放电；电老化发展阶段与稳定阶段，局放脉冲波形与有油隙的情况相似，说明发展阶段与稳定阶段的针电极与纸板之间存在油隙，这是局放使纸板表面严重劣化产生凹陷造成的，此时的绝缘类型转变为"类-有油隙的油纸绝缘"，局放特性随之转变为"类-有油隙油纸绝缘局放特性"；电老化预击穿阶段，正/负局放脉冲又演变为欠阻尼振荡波形，正极性局放脉冲与其起始阶段的类似，负极性局放脉冲表明局放过程中存在弱反向放电和强二次放电。另外，除电老化过渡阶段外，负极性局放脉冲的 T_u、T_{eq}、F_{eq} 均明显小于正极性局放脉冲的 T_u、T_{eq}、F_{eq}，这与电子迁移率远大于离子迁移率有关。

2.3 尖板沿面缺陷的局部放电特性

尖板沿面模型模拟换流变压器绕组产生的尖端与纸板接触，且产生沿面放电的情况，可导致纸板沿面闪络。沿面放电（电晕、辉光、滑闪）属于局部放电，沿面闪络属于贯穿性放电，沿面闪络功率低时，电弧易熄灭，类似于火花放电；沿面闪络功率高时，电弧不易熄灭，类似于电弧放电。一方面，实验中发现沿面放电过程中伴随有偶然的低功率闪络，直到纸板严重劣化时才发生可引起强烈续流的高功率闪络；另一方面，沿面放电（除电晕）与闪络的本质类似，均属于沿面流注放电。因此，研究沿面放电时也考虑沿面闪络。

2.3.1 放电典型特征随时间变化趋势

2.3.1.1 强分量沿面

尖板放电典型特征在交流下随时间变化趋势如图 2-15 所示。根据 Q_{ave} 与 F_{nc} 随时间的变化趋势，将强分量沿面下油纸绝缘电老化过程分为起始阶段（IS）、发展阶段（DS）和击穿阶段（BS）。电老化阶段划分时未考虑 F_{eqave} 与 T_{eqave} 随时间变化趋势的原因为：①F_{eqave} 与 T_{eqave} 的变化趋势在电老化前期无规律可循（波动较大），而在电老化后期规律单一（无明显的分类节点）；②Q_{ave} 与 F_{nc} 基本满足电老化阶段划分要求，使划分结果具有物理意义。

起始阶段，Q_{ave} 与 F_{nc} 偏低且无明显变化，F_{eqave} 与 T_{eqave} 的变化趋势起伏大，未呈现明显规律，但 F_{eqave} 与 T_{eqave} 之间存在负相关性。

发展阶段，Q_{ave} 会迅速增加并保持一段时间的稳定，且正极性 Q_{ave} 先于负极性 Q_{ave} 增加，表明纸板的劣化会引起 Q_{ave} "阶跃"式增加，且先使正极性放电变得强烈。由于针尖附近的纸面通过起始阶段的劣化形成碳化痕迹与凹陷，

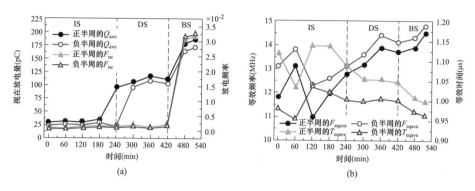

图 2-15 交流电场下强分量沿面的放电典型特征随时间的变化趋势

（a）Q_{ave} 与 F_{nc}；（b）F_{eqave} 与 T_{eqave}

导致油隙流注放电产生。负极性流注因其扩散性而无法引起集中的场电离，使此时负极性放电的 Q_{ave} 未增加，而正极性流注能引起强烈电离，使正极性放电的 Q_{ave} 优先增加。高幅值的放电会进一步劣化油纸绝缘，使变压器油分解产生气体，使纸板内部溢出气体形成"白斑"，使纸板纤维断裂产生纸屑，这些"杂质"不仅会引起小桥放电，使 Q_{ave} 保持在较高的水平，还可使短距离沿面放电转变为长距离的沿面放电，使更大范围的纸面劣化。由于小桥的形成是偶然的随机的，导致发展阶段的 F_{nc} 无明显变化。负极性条件下，F_{nc} 在发展阶段明显增加，可能的原因是气泡与纸屑在直流分量作用下更易聚集形成小桥，而气泡与纸屑对负极性电荷具有更强的吸附作用。F_{eqave} 与 T_{eqave} 在发展阶段分别呈上升与下降趋势，说明发展阶段的放电脉冲上升沿变陡，脉宽减小。随纸面不断裂化，沿面放电范围增加，导致沿面放电发展时间更久，速度更慢，使 F_{eqave} 减小而 T_{eqave} 增加，然而在强垂直分量作用下，纸板纵向劣化也在不断加剧，导致针尖附近的纸板凹陷不断加深，使发展时间短、传播迅速的油隙流注放电逐渐增多。发展阶段中，油隙流注放电占比不断增加是造成 F_{eqave} 上升而 T_{eqave} 下降的主要原因。

击穿阶段中包含了闪络时刻。由于闪络时刻的放电幅值与次数计入 Q_{ave} 与 F_{nc} 中，导致二者迅猛增加，而 F_{eqave} 与 T_{eqave} 中并未计入闪络时刻的放电，故二者随时间的变化规律与发展阶段的类似。

在整个电老化过程中，放电典型特征存在明显的极性效应：正极性的 Q_{ave}

与 T_{eqave} 大于负极性的 Q_{ave} 与 T_{eqave}；正极性的 F_{eqave} 大于负极性的 F_{eqave}。强垂直分量下，除沿面放电外还会形成油隙流注放电，而正极性流注能量更为集中，使正极性的 Q_{ave} 大于负极性的 Q_{ave}。而电子迁移率大于离子迁移率则是 F_{eqave} 与 T_{eqave} 具有极性效应的本质原因。

2.3.1.2 弱分量沿面

放电典型特征在交流电压下随时间变化趋势如图 2-16 所示。

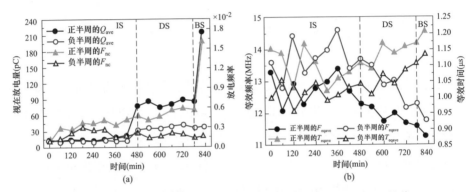

图 2-16 交流电场下弱分量沿面的放电典型特征随时间的变化趋势
(a) Q_{ave} 与 F_{nc}；(b) F_{eqave} 与 T_{eqave}

与强分量沿面类似，根据 Q_{ave} 与 F_{nc} 随时间的变化趋势将电老化过程分为起始阶段、发展阶段、击穿阶段。起始阶段，Q_{ave} 与 F_{nc} 偏低且无明显变化，F_{eqave} 与 T_{eqave} 的变化未呈现明显的规律。发展阶段，Q_{ave} 同样"阶跃"式增加，且正、负极性下的 Q_{ave} 几乎同时增加，这是因为弱垂直分量下，纸板纵向劣化不明显，几乎无纵向油隙流注放电。在负极性电压下，F_{nc} 在发展阶段明显增加，原因与强分量沿面放电的类似。击穿阶段，Q_{ave} 与 F_{nc} 在剧烈闪络的影响下迅猛增加，在交流电压下，闪络大多发生在交流正半周。F_{eqave} 与 T_{eqave} 在发展阶段与击穿阶段分别呈下降与增加趋势，同样是因为弱垂直分量下，几乎无纵向油隙流注放电，而主要的放电类型—沿面放电的发展时间久，传播速度慢。

只有在直流分量较弱时，放电典型特征才表现出明显的极性效应：正极性的 Q_{ave}、F_{nc} 与 T_{eqave} 大于负极性的 Q_{ave}、F_{nc} 与 T_{eqave}；正极性的 F_{eqave} 小于负极性的 F_{eqave}。在交流电压下，正半周的放电明显比负半周的剧烈，正半周放电对负半周放电的发展有抑制作用，但抑制效应的本质与机理有待进一步探究。

2.3.2　放电谱图特性及其演变规律

沿面放电频率偏低，为全面研究放电谱图演变规律，在交流电压下也引入了 TRPD 谱图。

2.3.2.1　交流电场下的强分量沿面的 PRPD 谱图与 TRPD 谱图

由 PRPD 谱图可知（见图 2-17），放电通常发生在交流电压峰值附近。击穿阶段，出现放电量较低的全相位放电，在电压过零点附近产生放电与残余电荷有关。发展阶段，交流正半周出现高幅值放电，并在 TRPD 谱图中分段分布（见图 2-18），可以认为高幅值放电属于：①纸面凹陷引起的油隙流注放电，因为凹陷中积累的气泡会阻碍油隙流注放电的发展，当气泡积累到一定程度而

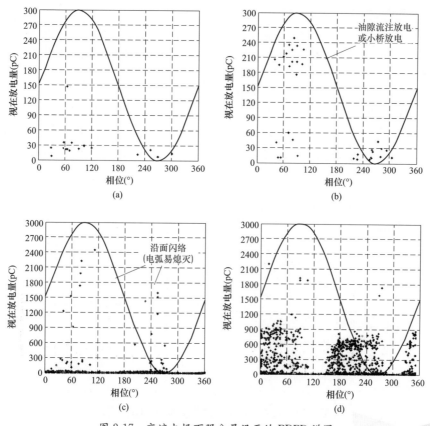

图 2-17　交流电场下强分量沿面的 PRPD 谱图

（a）$t=0$min；（b）$t=240$min；（c）$t=480$min；（d）$t=515$min

上浮后，油隙流注放电才又重新出现；②小桥放电，气泡与杂质在静电力作用下运动形成小桥偶然且随机的，因此小桥放电也会分段出现。另外，也可能油隙流注放电与小桥放电共同存在。击穿阶段出现的沿面闪络放电量可高达几千皮库，但由于油纸绝缘劣化程度不够，首先出现的闪络电弧容易熄灭，绝缘迅速恢复，类似于火花放电，而当绝缘严重劣化时，将出现密集且强烈的沿面闪络或内部击穿放电（在 TRPD 谱图中呈柱状分布），电弧难以熄灭，类似于电弧放电。虽具有强垂直分量，但交流电压下纸板内部难以积累大量残余电荷，导致闪络发生时退去外施电压后未有持续放电出现，但击穿阶段电压过零点引起低幅值放电的残余电荷，可能来源于熄灭的闪络电弧通道，当电弧熄灭时，电弧通道周围的电荷难以迅速消散，会引起少量的低幅值放电。

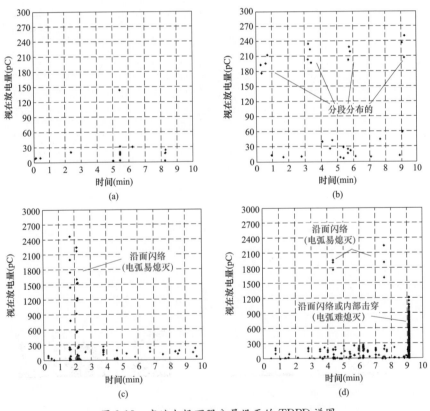

图 2-18　交流电场下强分量沿面的 TRPD 谱图

(a) $t=0$min；(b) $t=240$min；(c) $t=480$min；(d) $t=515$min

2.3.2.2 交流电场下的弱分量沿面的 PRPD 谱图与 TRPD 谱图

由 PRPD 谱图（见图 2-19）和 TRPD 谱图（见图 2-20）可知，电老化过程中，F_{nc} 极低，放电通常发生在交流电压峰值附近，沿面闪络通常发生在交流正半周。与强分量沿面相比，弱分量沿面闪络不剧烈（放电幅值与分布密集度低），但分布集中，产生的沿面闪络电弧虽易熄灭，但低功率沿面闪络频繁发生也会迅速劣化纸板，导致电弧不易熄灭的高功率闪络发生。

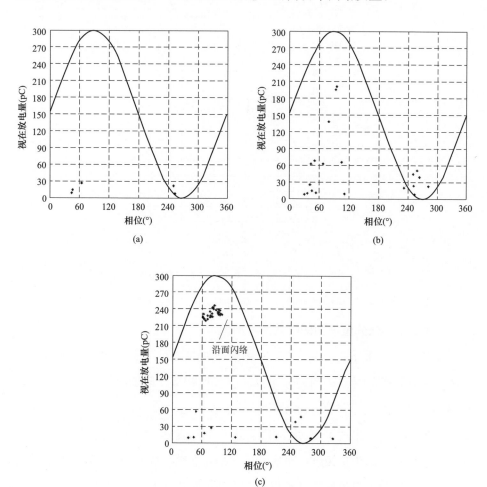

图 2-19　交流电场下弱分量沿面的 PRPD 谱图

（a）$t=0$min；（b）$t=480$min；

（c）$t=826$min

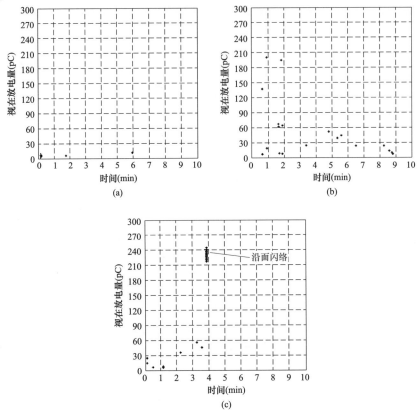

图 2-20 交流电场下弱分量沿面的 TRPD 谱图

（a）$t=0$min；（b）$t=480$min；（c）$t=826$min

2.3.2.3 强分量沿面的等效时频谱图

交流电压下强分量沿面的等效时频谱图如图 2-21 和图 2-22 所示。无论电压极性如何，等效时频谱图的分布及演变规律相似：起始阶段，放电次数少，但谱图分布大致呈半拱形；发展阶段，随着放电次数增加，半拱形分布更明显，也更集中，还出现了 F_{eq} 大、T_{eq} 范围广的垂直分布放电，此现象在负极性电压下更明显，因为负极性放电脉冲的欠阻尼振荡更为剧烈，持续时间的分散性大，其本质与电子的快速迁移以及负流注的扩散性有关；随电老化发展，等效时频谱图中的放电分布逐渐向拱底集中，最终在击穿阶段，呈 F_{eq} 高、T_{eq} 范围广、重心低的垂直分布，因为闪络瞬间产生的高能放电发展速度快，而持续时间受到绝缘恢复状态与电压恢复状态的影响，分散性较大。另外，由于放电脉冲的复杂性、随机性与分散性，从等效时频谱图中无法区分沿面放电、油隙流注放电与小桥放电。

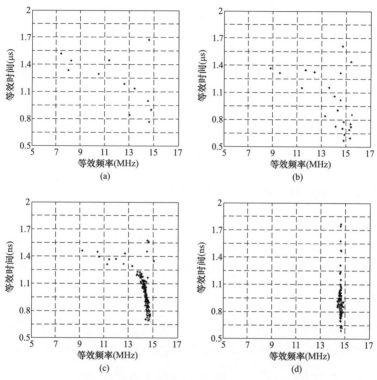

图 2-21　交流正半周下强分量沿面的等效时频谱图

（a）$t=0$min；（b）$t=240$min；（c）$t=480$min；（d）$t=515$min

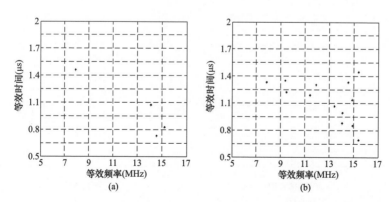

图 2-22　交流负半周下强分量沿面的等效时频谱图（一）

（a）$t=0$min；（b）$t=240$min

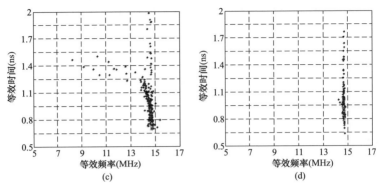

图 2-22　交流负半周下强分量沿面的等效时频谱图（二）

(c) $t=480$min；(d) $t=515$min

2.3.2.4　弱分量沿面的等效时频谱图

交流电压下弱分量沿面的等效时频谱图如图 2-23 和图 2-24 所示。无论电压极性如何，等效时频谱图的分布及演变规律相似：起始阶段和发展阶段，等效时频谱图的分布大致呈半拱形，且分布均匀，但未出现 F_{eq} 高、T_{eq} 范围广的垂直分布放电，由此说明，垂直分布的放电属于强垂直分量造成的纸面纵向凹陷中的油隙流注放电；随电老化发展，等效时频谱图中的放电分布逐渐向拱顶集中，在击穿阶段，负极性放电甚至向"左半拱"移动，此现象与无油隙油纸绝缘预击穿阶段的类似，说明无油隙油纸绝缘预击穿阶段的放电有很大的弱分量沿面放电成分。另外，正极性电压下的等效时频分散性比负极性电压下的小。

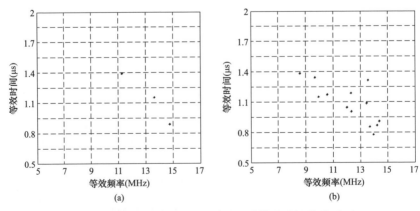

图 2-23　交流正半周下弱分量沿面的等效时频谱图（一）

（a）$t=0$min；（b）$t=480$min

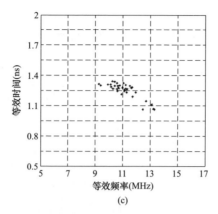

(c)

图 2-23 交流正半周下弱分量沿面的等效时频谱图 (二)

（c）$t=826$min

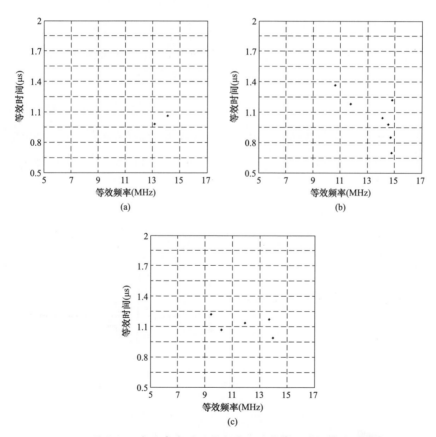

(a)

(b)

(c)

图 2-24 交流负半周下弱分量沿面的等效时频谱图

（a）$t=0$min；（b）$t=480$min；（c）$t=826$min

2.3.3 不同电老化阶段的放电脉冲波形特性

复合电压下，强分量沿面与弱分量沿面的放电脉冲均以振荡波形为主，这里重点研究强、弱垂直分量下不同电老化阶段的典型放电脉冲波形特性。

2.3.3.1 强分量沿面的放电脉冲

由图 2-25 可知，起始阶段，正极性电压下，放电脉冲振荡剧烈，第一个脉峰甚至是负向的；负极性电压下，脉冲为递增式振荡波形，说明缺陷充放电过程在起始阶段不稳定，由于起始阶段油纸绝缘状态良好，沿面电阻大，电荷注入过程容易受外界干扰。发展阶段，正、负极性下的放电脉冲主波峰上升沿无明显波动，而下降沿振荡剧烈，表明此时绝缘劣化，可能一次性注入大量甚至过量的电荷，满足新的分压平衡，而电荷释放过程仍不稳定，因为缓慢的放电过程将受到小桥的干扰。击穿阶段会出现连续放电，正极性电压下的连续放电脉冲如图 2-25 （c）所示，波尾好似叠加了多次放电，出现多个连续的波峰，负极性电压下的连续放电脉冲如图 2-25 （f）所示，首先出现频率高幅值低的振荡放电，随后在波尾出现高幅值振荡，说明此时绝缘劣化严重，将要形成贯穿的放电通道，而通道中的泄漏电流较大，导致脉冲波尾不仅衰减缓慢，还出现强烈振荡。

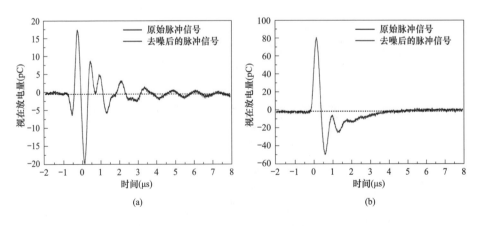

图 2-25 强分量沿面放电的典型脉冲波形（一）

(a) 正极性-IS；(b) 正极性-DS

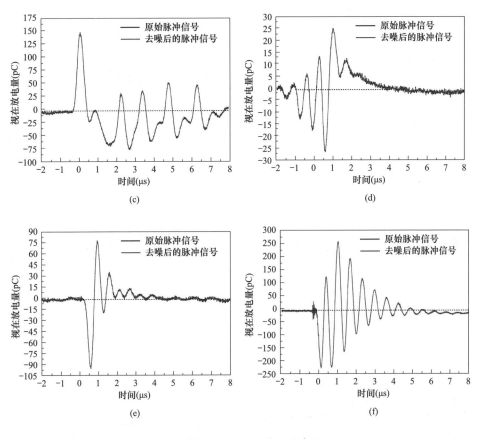

图 2-25　强分量沿面放电的典型脉冲波形（二）

（c）正极性-BS；（d）负极性-IS；

（e）负极性-DS；（f）负极性-BS

2.3.3.2　弱分量沿面的放电脉冲

由图 2-26 可知，负极性电压下的放电脉冲在电老化过程中无明显差异，均存在类似的振荡。正极性电压下，起始阶段放电脉冲正波峰的下降沿出现波动，甚至形成双峰脉冲，负波峰的下降沿也有剧烈波动，说明出现了连续放电现象；发展阶段与击穿阶段的放电脉冲波形只体现出一次主要的充放电，说明此时放电相对稳定。

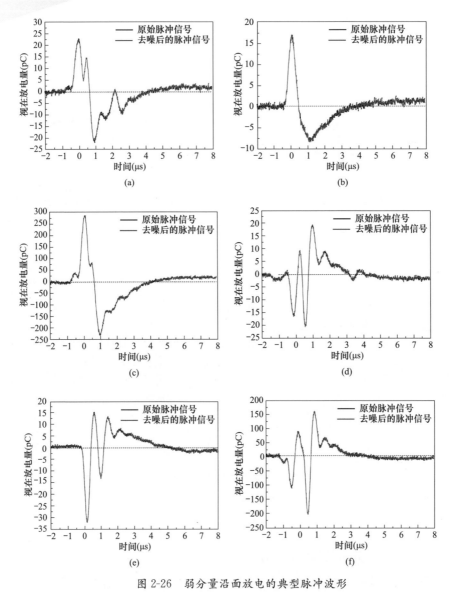

图 2-26 弱分量沿面放电的典型脉冲波形

(a) 正极性-IS；(b) 正极性-DS；(c) 正极性-BS；(d) 负极性-IS；(e) 负极性-DS；(f) 负极性-BS

参考文献

[1] Okubo H. HVDC electrical insulation performance in oil/pressboard composite insula-
tion system based on Kerr electro-optic field measurement and electric field analysis [J].

IEEE Transactions on Dielectrics & Electrical Insulation，2018，25（5）：1785-1797.

［2］ Kato K．Nara T．Okubo H．et al．Space charge behavior in palm oil fatty acid ester （PFAE) by electro-optic field measurement ［J］．IEEE Transactions on Dielectrics & Electrical Insulation，2009，16（6）：1566-1573.

［3］ 李斯盟，李清泉，刘洪顺，等. 基于雷达谱图的交直流复合电压下油纸针板模型局放 阶段识别 ［J］. 中国电机工程学报，2018，38（19）：5897-5908.

［4］ 黎颖，周欣，Werle，等. 不均匀电场中温度对油纸绝缘沿面放电特性的影响 ［J］. 绝缘材料，2018，51（6）：66-71.

3

直流分量对油纸绝缘尖端
缺陷局部放电特性的影响

在传统电力变压器的运行中，有可能存在直流偏磁以及地电位抬升的特殊工况，会导致变压器绕组承受的电应力波形中存在直流分量。另外，电力系统中还存在一种特殊的变压器——换流变压器，其绕组在运行中始终承受着含有高比例直流分量的电应力。需要对纯直流电压以及交流叠加不同比例的直流电压下的局部放电特性进行研究。因此，本章首先在 3.1 节讨论直流电应力下油纸绝缘尖端缺陷的局方特性，之后在 3.2 节以此为基础进一步研究直流电压占比对尖端缺陷局部放电特性的影响。

3.1　直流电压下油纸绝缘尖端缺陷局部放电特性

3.1.1　有油隙尖板缺陷

由于油隙放电的落点不固定，纸板不会在某一固定位置迅速劣化，因此纸板难以击穿（电老化过程漫长）。局放典型特征只在电老化过程的前 5～6h 存在明显变化，故只讨论 6h 内的局放典型特征随时间的变化趋势。

Q_{ave} 与 F_{nc} 随时间变化趋势如图 3-1 所示，具有明显极性效应：负极性局放的 Q_{ave} 与 F_{nc} 较高。直流电压下，局放发展过程（油纸电老化过程）可分为极化阶段与稳定阶段，极化阶段持续时间较短，但局放的 Q_{ave} 与 F_{nc} 较高，甚至与稳定阶段的相应特征形成阶跃性差异；稳定阶段的 Q_{ave} 与 F_{nc} 变化趋势与交流电压下的类似。

F_{eqave} 与 T_{eqave} 随时间的变化趋势如图 3-2 所示，其波动性反映了局放脉冲的随机性与分散性。直流电压下，F_{eqave} 在极化过程中幅值较高，而 T_{eqave} 幅值较低，说明极化过程中的局放脉冲具有更快的上升沿与更窄的脉宽。

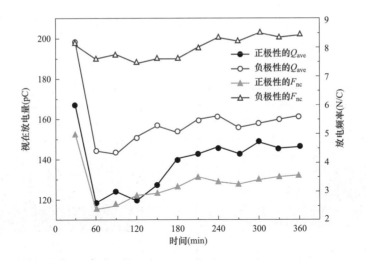

图 3-1　Q_{ave} 与 F_{nc} 随时间的变化趋势

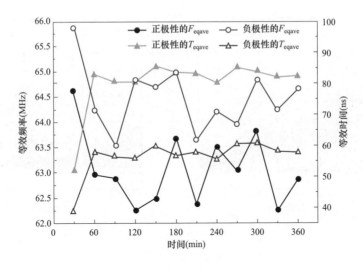

图 3-2　F_{eqave} 与 T_{eqave} 随时间的变化趋势

　　直流电压下的 TRPD 谱图如图 3-3 所示，正极性局放在电老化过程的前 10min 更强烈（Q_{max}、Q_{ave} 与 F_{nc} 较高），随后突然减弱，体现出局放发展过程的两个阶段：极化阶段（0～10min）与稳定阶段（10～360min）。正极性下的 TRPD 谱图中出现局放簇（PD cluster）。负极性直流电压下，电老化过程的前 25min 内 Q_{max}、Q_{ave} 与视在放电量的分散性逐渐下降而 F_{nc} 逐渐增加，随后保持稳定，同样体现出局放发展过程的两个阶段：极化阶段（0～25min）与稳定阶段（25～360min）。

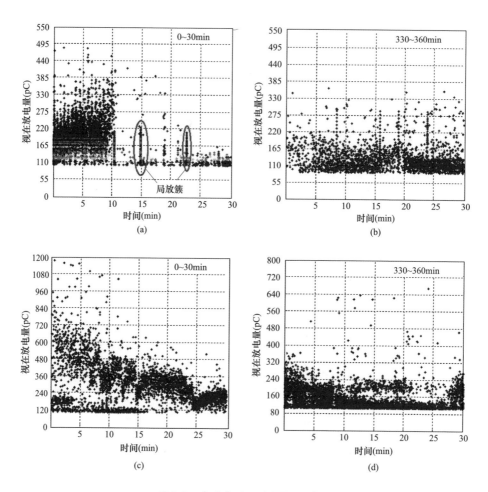

图 3-3　直流电压下的 TRPD 谱图

（a）0～30min 正极性直流电压；（b）330～360min 正极性直流电压；

（c）0～30min 负极性直流电压；（d）330～360min 负极性直流电压

直流电压下的等效时频谱图如图 3-4 所示，极化效应使谱图在电老化的前 30min 分布分散，但随后向高 T_{eq} 低 F_{eq} 的区域集中，表明极化阶段的局放脉冲 T_{eq} 较低、F_{eq} 较高，因为在油-纸界面极化电荷完全建立之前，直流局放受到较弱的界面电荷屏蔽作用而具有类似于交流局放快上升沿窄脉宽的特性。此外，等效时频谱图在正极性电压下呈"类拱形"，负极性电压下呈"类椭圆形"。

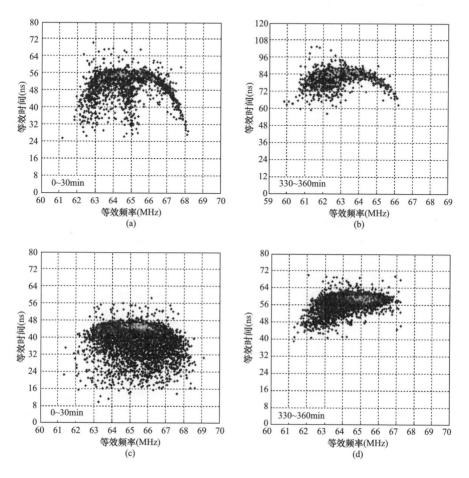

图 3-4　直流电压下的等效时频谱图

（a）0～30min 正极性直流电压；（b）330～360min 正极性直流电压；

（c）0～30min 负极性直流电压；（d）330～360min 负极性直流电压

　　直流电压下典型局放脉冲波形如图 3-5 所示，正极性局放波形为单峰脉冲，负极性局放波形为振荡脉冲，且同样具有较窄的脉宽、较快的上升沿与下降沿。此外，极化阶段的局放脉冲与稳定阶段的相比，脉宽较窄、上升沿与下降沿较快，原因是油-纸界面极化电荷对流注的发展具有阻碍与屏蔽作用。负极性局放脉冲波尾的微弱振荡表明主放电后伴随有微弱的反向放电与二次放电；正极性局放脉冲波峰的微弱振荡与交流正半周下的不同，一方面含有白噪声成分，另一方面是由直流局放的特性所决定的。另外，由图 3-5 可知，反向放电在极化阶段较弱，而二次放电在极化阶段较强，表明反向放电与二次放电与油-纸界面电荷密度有关。

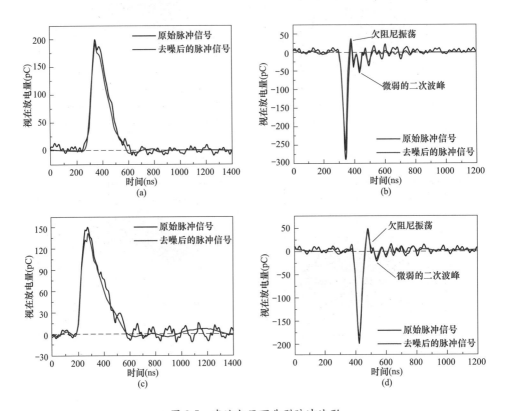

图 3-5 直流电压下典型脉冲波形

（a）正极性极化阶段；（b）负极性极化阶段；（c）正极性稳定阶段；（d）负极性极化阶段

3.1.2 无油隙尖板缺陷

直流电压下局放典型特征随时间的变化趋势如图 3-6 所示，与直流电压下的变化趋势类似，不同之处体现在电老化末期，F_{eqave} 始终降低，而 T_{eqave} 增加随后下降，说明纸板击穿之前的局放脉冲上升沿变缓但脉宽较小。另外，直流电压下的局放典型特征具有与交流电压下相似的极性效应。

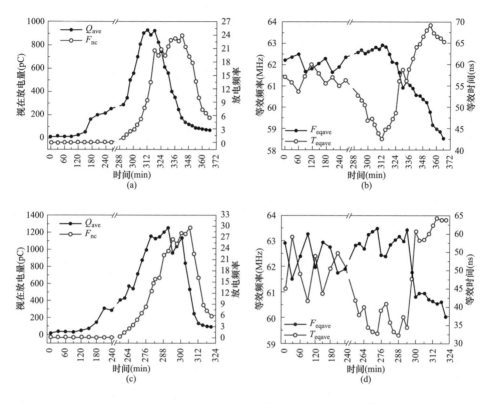

图 3-6 直流电压下局放典型特征随时间的变化趋势

（a）正极性电压下 Q_{ave} 与 F_{nc}；（b）正极性电压下 F_{eqave} 与 T_{eqave}

（c）负极性电压下 Q_{ave} 与 F_{nc}；（d）负极性电压下 F_{eqave} 与 T_{eqave}

归纳所有直流分量下的局放典型特征随时间的变化趋势，得到普遍规律：最初，Q_{ave} 与 F_{nc} 极小而 F_{eqave} 与 T_{eqave} 无统计规律；随后，Q_{ave} 先于 F_{nc} 开始增加且先到达峰值，此现象在外施电压含有直流分量时明显，F_{eqave} 增加而 T_{eqave} 减小；然后，Q_{ave} 与 F_{nc}、F_{eqave} 与 T_{eqave} 均可能在峰值（或谷值）附近波动，并维持一段时间；最后，Q_{ave} 先于 F_{nc} 开始下降且先到达稳定状态（饱和状态），此现象同样在外施电压含有直流分量时明显，F_{eqave} 减小而 T_{eqave} 增加，并在直流分量较强时出现 F_{eqave} 与 T_{eqave} 均降低的现象。另外，在任意直流分量下，局放典型特征均存在明显的极性效应，特别是在电老化中后期，负极性局放的 Q_{ave}、F_{nc} 与 F_{eqave} 始终较大，而正极性局放的 T_{eqave} 始终较大，这与有油隙的油纸绝缘体现出的极性效应类似。

由正、负极性直流电压下的 TRPD 谱图（见图 3-7 和图 3-8）可知，随纸板不断电老化，Q_{ave} 与 F_{nc} 具有先增加后降低的趋势，与图 3-6（a）及图 3-6（c）吻合，Q_{max} 也具有相同趋势。在电老化过渡阶段，局放的时间分布不均匀，在某些时刻发生多次放电，而其他时刻几乎不放电，正极性直流电压下更为明显，可能的原因为：①纸板表面电荷随机地受到扰动，使得外电路对缺陷重新充电而产生多次局放；②电场在针尖极附近严重畸变，使得针电极附近绝缘油分解并随机地形成小气泡，气泡可引起多次局放。由图 3-7 可知，电老化预击穿阶段（$t=354\,\mathrm{min}$），正极性 TRPD 谱图出现"纵分层"现象；由图 3-8 可知，电老化稳定阶段（$t=297\,\mathrm{min}$），负极性 TRPD 谱图出现"横分层"现象，"纵分层"与"横分层"现象并不是某种极性局放所特有的，也不具有普遍性，但在电老化过程中，上述两种现象不会同时出现。

正、负极性直流电压下的等效时频谱图如图 3-9 与图 3-10 所示，与交流电压下的等效时频谱图类似，基本呈半拱形，不同之处主要体现在以下几个方面：①谱图重心在电老化过渡阶段并未明显位于拱顶，而是随放电次数的增加逐渐稳定于半拱形中部，随后移至拱底，最后稳定于拱顶；②等效时频谱图中不仅存在垂直分布于高等效频率处（正极性 $F_{eq} \approx 63.5\,\mathrm{MHz}$，负极性 $F_{eq} \approx 63.9\,\mathrm{MHz}$）的局放，待其消失，还将出现水平分布于低等效时间处（正极性 $T_{eq} \approx 15\,\mathrm{ns}$，负极性 $T_{eq} \approx 12\,\mathrm{ns}$）的局放，在拱底形成水平分布的"尾巴"，此现象在正极性电压下更加明显，这些脉宽较短但上升沿陡度不同的脉冲出现时间较短，随电老化发展逐渐消失；③在电老化预击穿阶段，无论何种电压极性，等效时频谱图将从拱顶向左侧延伸，具有形成全拱形或左半拱形的趋势，说明局放脉冲最终上升沿变缓且脉宽变短，与图 3-6（b）与图 3-6（d）吻合。全拱形与左半拱形的出现与电压极性无关，但在直流分量较大的情况下，必有一种类型出现在电老化预击穿阶段。在电老化过程中，正极性直流电压下的 F_{eq} 与 T_{eq} 分布范围均比负极性直流电压下的大，说明正极性局放脉冲的形状分散性更大。

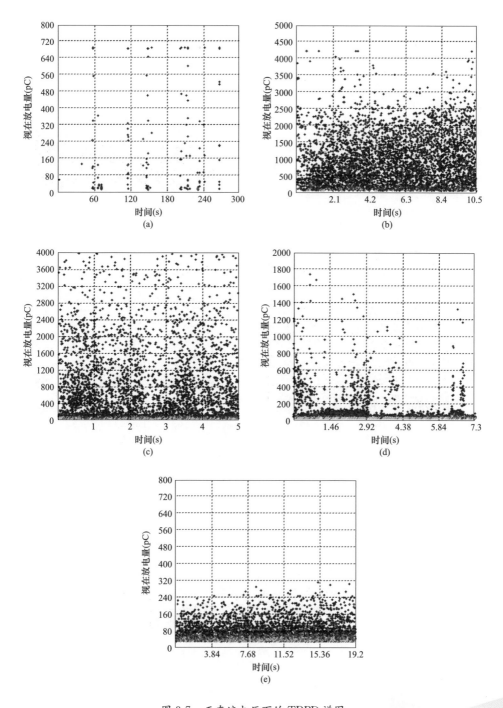

图 3-7 正直流电压下的 TRPD 谱图

（a）$t=240$min；（b）$t=312$min；（c）$t=324$min；（d）$t=354$min；（e）$t=366$min

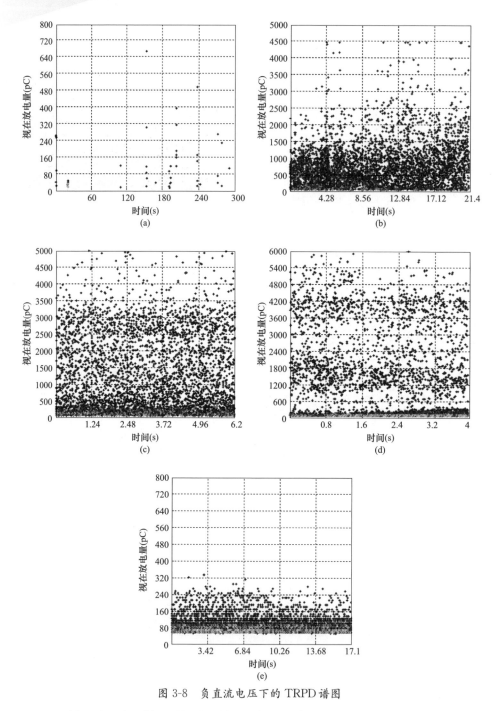

图 3-8 负直流电压下的 TRPD 谱图

（a）$t=240$min；（b）$t=270$min；（c）$t=282$min；（d）$t=297$min；（e）$t=321$min

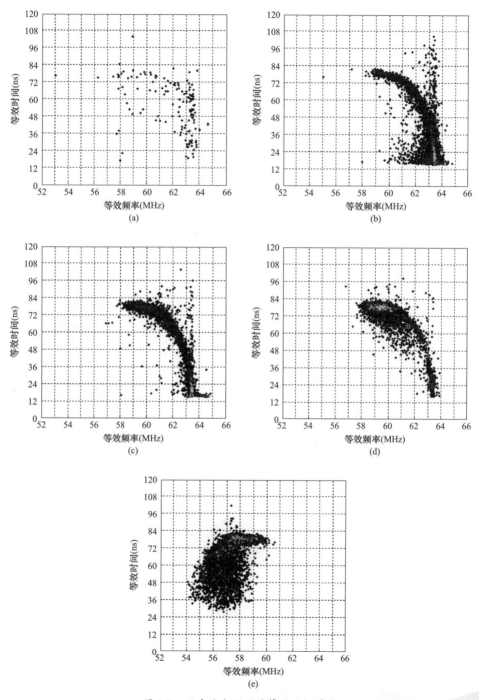

图 3-9　正直流电压下的等效时频谱图

（a）$t=240$min；（b）$t=312$min；（c）$t=324$min；（d）$t=354$min；（e）$t=366$min

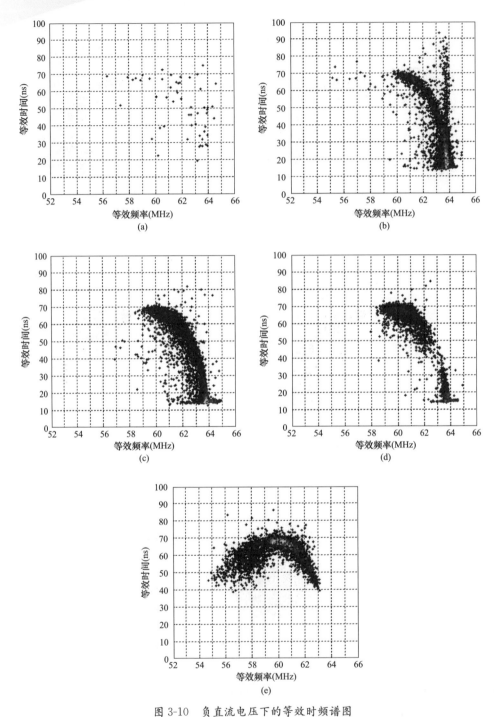

图 3-10 负直流电压下的等效时频谱图

（a）$t=240$min；（b）$t=270$min；（c）$t=282$min；（d）$t=297$min；（e）$t=327$min

为进一步研究局放视在放电量绝对值 Q_{abs} 与等效时频的内在联系，建立了 Q_{abs}-F_{eq} 谱图与 Q_{abs}-T_{eq} 谱图，此类谱图在电老化过程中具有普遍规律，这里讨论有可能出现"尾巴"的发展或稳定阶段，直流电压下的 Q_{abs}-F_{eq} 谱图与 Q_{abs}-T_{eq} 谱图如图 3-11 所示，局放可分为：①F_{eq} 集中且较高，T_{eq} 集中且较低，Q_{abs} 分散且较高的"强"放电；②F_{eq} 与 T_{eq} 分散，Q_{abs} 集中且较低的"弱"放电。此现象说明随着视在放电量的增加，局放脉冲的 F_{eq} 与 T_{eq} 将分别逐渐稳定在较高与较低的值，形成高幅值的短脉冲，这是由于高能流注或沿面放电不仅能引起大量电荷注入，而且发展速度快，注入电荷能迅速建立新的分压平衡。然而，低能流注或沿面放电在发展过程中可能退化为电晕放电，随后又有可能再演变为流注或沿面放电，使其放电发展速度与持续时间分散性较大，进而使局放脉冲的 F_{eq} 与 T_{eq} 分散性大。

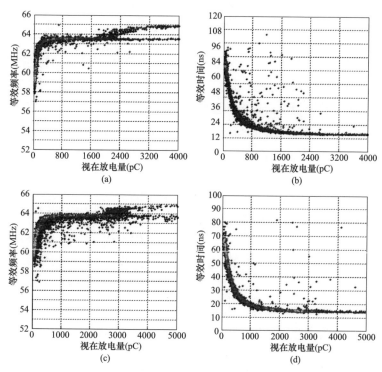

图 3-11　直流电压下等效时频与放电量的关系
（a）正极性 F_{eq} 与 Q_{abs} 的关系；（b）正极性 T_{eq} 与 Q_{abs} 的关系；
（c）负极性 F_{eq} 与 Q_{abs} 的关系；（d）负极性 T_{eq} 与 Q_{abs} 的关系

由图 3-11 可知，Q_{abs}-F_{eq}谱图将在直流电压下（直流分量较强时）出现高幅值局放分层现象。正极性直流电压下，当 Q_{abs} 大于 2000pC 时逐渐出现分层；负极性直流电压下，当 $Q_{abs}>2500$pC 时逐渐出现分层。分层后的 F_{eq} 可高达 65MHz。另外，只有 Q_{abs}-F_{eq}谱图中出现一段时间的分层现象，对应图 3-9 与图 3-10 等效时频谱图中的"尾巴"。出现分层现象的原因为：在直流分量较强时，纸板表面会在静电力的作用下吸附一些杂质或小气泡，当流注或沿面放电发展至接近这些杂质或小气泡时，将感应出大量电荷，迅速击穿流注头部或沿面前端与杂质或小气泡之间的绝缘，加速放电发展，使 F_{eq} 增加，出现分层现象。

3.1.3 尖端沿面缺陷

3.1.3.1 强分量沿面放电典型特征

放电典型特征在直流电压下随时间变化趋势如图 3-12 所示。放电典型特征在直流电压下随时间变化趋势与 2.3.1 节所述的交流电压下放电典型特征随时间变化规律相同。

3.1.3.2 弱分量沿面放电典型特征

放电典型特征在直流电压下随时间变化趋势如图 3-13 所示。变化规律与交流电压下类似，见 2.3.1 节。

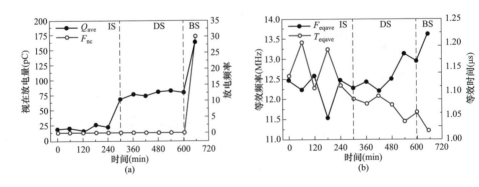

图 3-12 直流电场下强分量沿面的放电典型特征随时间的变化趋势（一）

（a）正极性电压下 Q_{ave} 与 F_{nc}；（b）正极性电压下 F_{eqave} 与 T_{eqave}

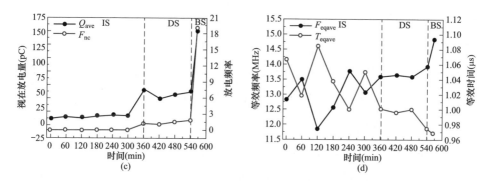

图 3-12　直流电场下强分量沿面的放电典型特征随时间的变化趋势（二）

（c）负极性电压下 Q_{ave} 与 F_{nc}；（d）负极性电压下 F_{eqave} 与 T_{eqave}

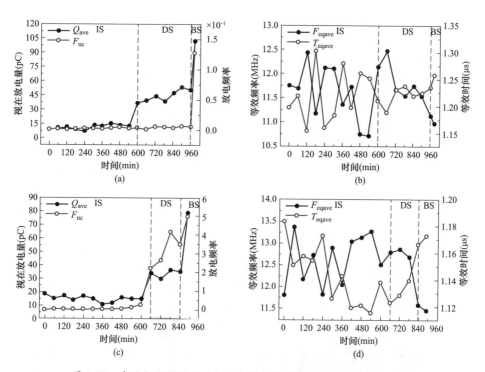

图 3-13　直流电场下弱分量沿面的放电典型特征随时间的变化趋势

（a）正极性电压下 Q_{ave} 与 F_{nc}；（b）正极性电压下 F_{eqave} 与 T_{eqave}；

（c）负极性电压下 Q_{ave} 与 F_{nc}；（d）负极性电压下 F_{eqave} 与 T_{eqave}

3.1.3.3　直流电场下的强分量沿面的 TRPD 谱图

由强分量沿面在正、负直流电场下的 TRPD 谱图（见图 3-14 和图 3-15）

可知：起始阶段，Q_{ave} 与 F_{nc} 很低；发展阶段，负极性放电的 F_{nc} 明显增加，同时正、负极性放电的 Q_{ave} 也增加，放电在谱图中呈分层且分段分布，放电量低的一层不分段，属于沿面放电；而放电量高的一层分段，属于油隙流注放电，或小桥放电，或两者共存。发生闪络之前无明显征兆，由于直流电压不存在过零点，因此一旦闪络或内部击穿，电弧难以熄灭，强烈的放电现象将持续发生，在 TRPD 谱图中呈幅值跨度大且密集的柱状分布。另外，在强垂直分量与直流电压的共同作用下，纸板内部将积累大量残余电荷，导致闪络发生时退去外施电压后仍产生少量放电。

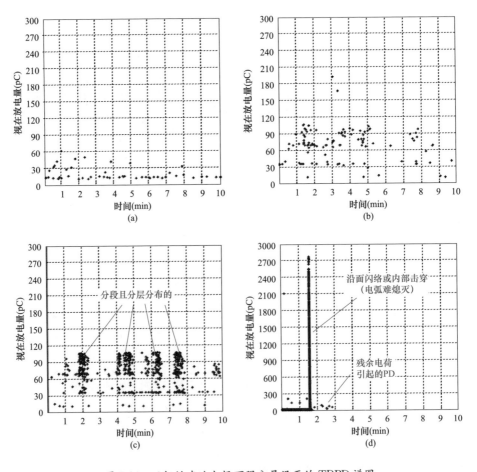

图 3-14　正极性直流电场下强分量沿面的 TRPD 谱图

（a）$t=0$min；（b）$t=300$min；（c）$t=360$min；（d）$t=656$min

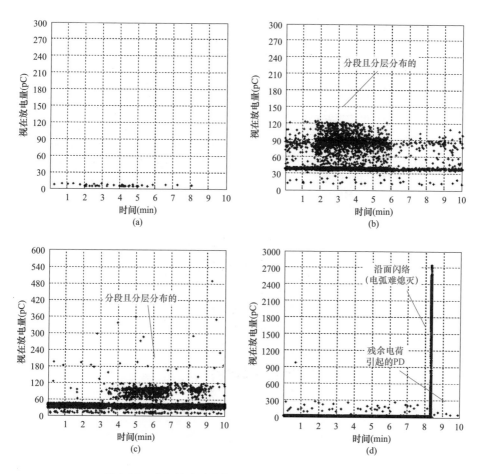

图 3-15　负极性直流电场下强分量沿面的 TRPD 谱图

（a）$t=0$min；（b）$t=360$min；（c）$t=540$min；（d）$t=566$min

3.1.3.4　直流电场下的弱分量沿面的 TRPD 谱图

由正、负直流电场下的 TRPD 谱图（见图 3-16 和图 3-17）可知：起始阶段，Q_{max} 与 F_{nc} 很低；发展阶段与击穿阶段，负极性放电的 Q_{max} 与 F_{nc} 远高于正极性放电的 Q_{max} 与 F_{nc}。沿面闪络时的放电并未形成密集的柱状分布，闪络现象并不剧烈，由于弱垂直分量下的沿面放电幅值低、次数少，对纸板的劣化作用不强烈，不会在纸面形成明显的碳化通道而形成持续闪络，实验中观察到的低能量、不连续的沿面闪络类似于火花放电。另外，在弱垂直分量作用下，纸板内部无法积累大量的残余电荷，导致闪络发生时退去外施电压后无放电产生。

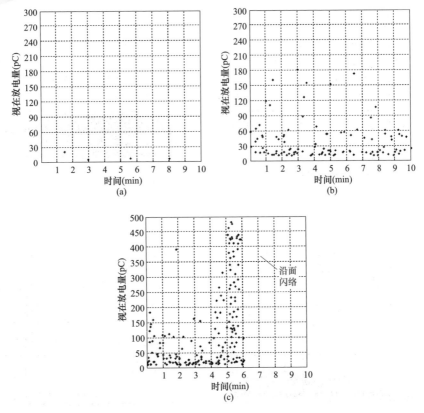

图 3-16　正极性直流电场下弱分量沿面的 TRPD 谱图

（a）$t=0$min；（b）$t=600$min；（c）$t=983$min

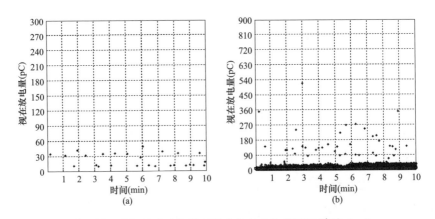

图 3-17　负极性直流电场下弱分量沿面的 TRPD 谱图（一）

（a）$t=0$min；（b）$t=660$min

3.1.3.5 强分量沿面的等效时频谱图

直流电压下的等效时频谱图如图 3-18 和图 3-19 所示。无论电压极性如何，等效时频谱图的分布及演变规律相似：起始阶段，放电次数少，但谱图分布大致呈半拱形；发展阶段，随着放电次数增加，半拱形分布更明显，也更集中，还出现了 F_{eq} 大、T_{eq} 范围广的垂直分布放电，此现象在负极性电压下更明显，因为负极性放电脉冲的欠阻尼振荡更为剧烈，持续时间的分散性大，其本

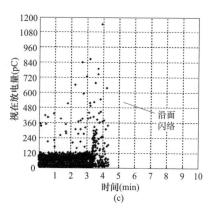

图 3-17 负极性直流电场下弱分量
沿面的 TRPD 谱图（二）

（c）$t=889$min

质与电子的快速迁移以及负流注的扩散性有关；随电老化发展，等效时频谱图中的放电分布逐渐向拱底集中，最终在击穿阶段，呈 F_{eq} 高、T_{eq} 范围广、重心低的垂直分布，因为闪络瞬间产生的高能放电发展速度快，而持续时间受到绝缘恢复状态与电压恢复状态的影响，分散性较大。另外，由于放电脉冲的复杂性、随机性与分散性，从等效时频谱图中无法区分沿面放电、油隙流注放电与小桥放电。

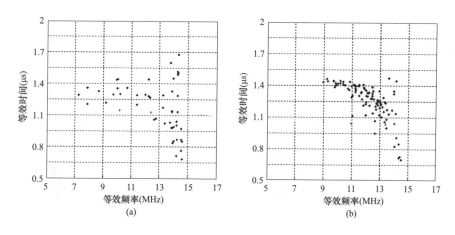

图 3-18 正极性直流电场下强分量沿面的等效时频谱图（一）

（a）$t=0$min；（b）$t=300$min

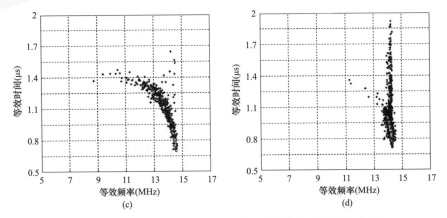

图 3-18　正极性直流电场下强分量沿面的等效时频谱图（二）

（c）t＝360min；（d）t＝656min

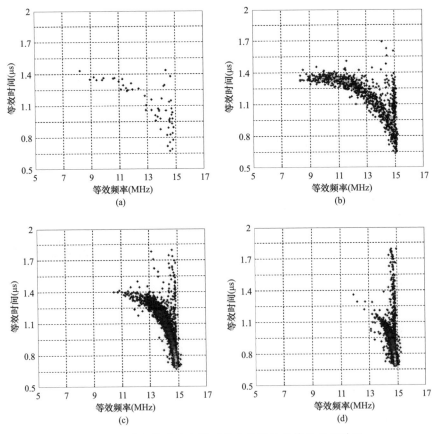

图 3-19　负极性直流电场下强分量沿面的等效时频谱图

（a）t＝0min；（b）t＝360min；（c）t＝540min；（d）t＝566min

3.1.3.6 弱分量沿面的等效时频谱图

直流电压下的等效时频谱图如图 3-20 和图 3-21 所示。无论电压极性如何，等效时频谱图的分布及演变规律相似：起始阶段和发展阶段，等效时频谱图的分布大致呈半拱形，且分布均匀，但未出现 F_{eq} 高、T_{eq} 范围广的垂直分布放电。由此说明，垂直分布的放电属于强垂直分量造成的纸面纵向凹陷中的油隙流注放电；随电老化发展，等效时频谱图中的放电分布逐渐向拱顶集中，在击穿阶段，负极性放电甚至向"左半拱"移动，此现象与无油隙油纸绝缘预击穿阶段的类似，说明无油隙油纸绝缘预击穿阶段的放电有很大的弱分量沿面放电成分。另外，正极性电压下的等效时频分散性比负极性电压下的小。

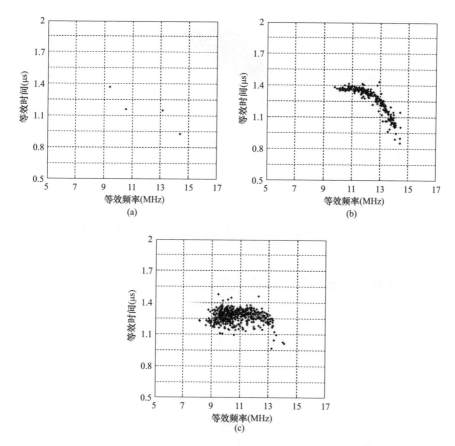

图 3-20 正极性直流电场下弱分量沿面的等效时频谱图

（a）$t=0$min；（b）$t=600$min；（c）$t=983$min

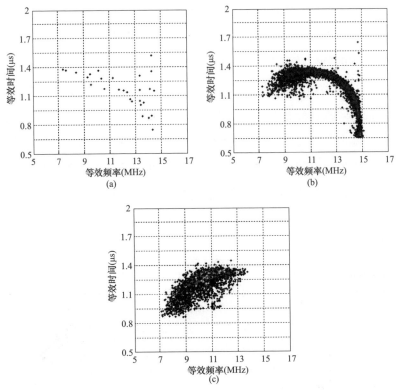

图 3-21 负极性直流电场下弱分量沿面的等效时频谱图

(a) $t=0$min；(b) $t=660$min；(c) $t=889$min

3.2 直流电压占比对尖端缺陷局部放电特性的影响

3.2.1 换流变压器阀侧交直流电压比例

3.2.1.1 电压仿真分析

特高压直流输电工程中，换流功能多由每极一组或两组 12 脉动换流单元串/并联投入运行实现，提高整流效率的同时减少了换流单元运行时注入交直流系统的谐波。此处使用 PSCAD 软件仿真建立了±800kV 直流输电系统的仿真模型，换流阀采用每极两组的双 12 脉动换流单元串联结构，其±800kV 直流输电系统仿真模型图 3-22 所示。换流变压器采用单相双绕组变压器结构，对换流变阀侧绕组主绝缘承受的电压进行了仿真分析。

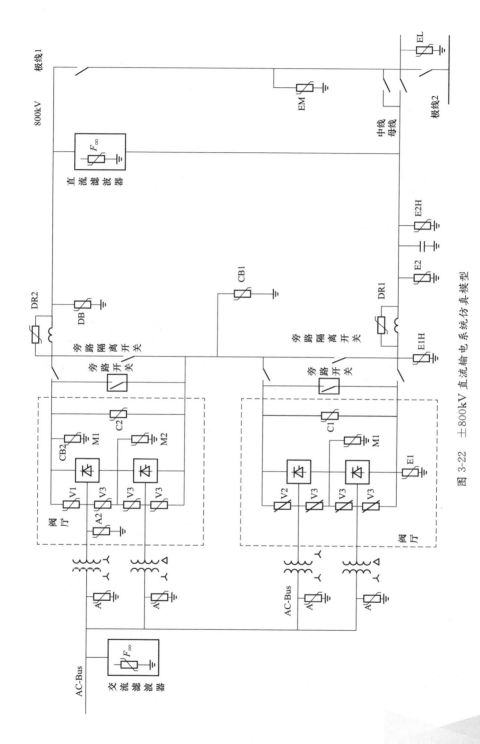

图 3-22 ±800kV 直流输电系统仿真模型

67

通过 PSCAD 仿真计算了±800kV 直流输电系统的换流变压器阀侧绕组主绝缘承受的电压波形，如图 3-23 所示。谐波叠加在工频交流分量上导致工频分量的上升沿和下降沿陡度增大，使得图 3-23 中交流成分的总体轮廓类似于上升沿较缓的方波。

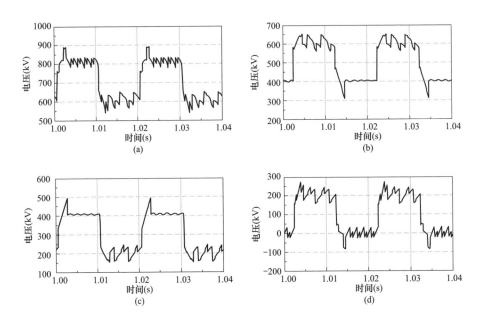

图 3-23　仿真计算换流变压器主绝缘承受电应力波形
（a）高端阀厅 YY 换流变压器；（b）高端阀厅 YD 换流变压器；
（c）低端阀厅 YY 换流变压器；（d）低端阀厅 YD 换流变压器

对如图 3-23 所示的换流变压器主绝缘承受的电应力波形进行傅里叶变换分析，提取包括直流（用 0Hz 表示）在内的各频率分量，其对应的归一化分布如图 3-24 所示。

表 3-1 展示了仿真计算和傅里叶变换获得的各频率分量及其占比结果。换流变压器主绝缘承受的电压中除大量的直流电压和交流电压分量外，还主要包括了 150、250、300Hz 和 350Hz 频率的谐波电压分量，其中 3 次谐波含量最高。不同位置的换流变压器主绝缘承受交流分量幅值基本相同，高端阀厅 YY 换流变压器和 YD 换流变压器阀侧主绝缘承受的复合电压中 50Hz 工频有效值

和直流幅值的比例分别为 1：7 和 1：5，而低端阀厅的则分别为 1：3 和 1：1，低端阀厅 YD 换流变压器承受的直流电压成分最低。

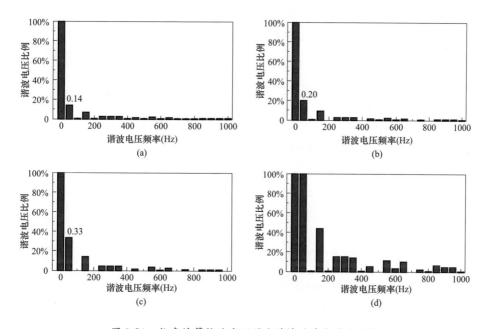

图 3-24　仿真计算换流变压器主绝缘承受电应力分量
（a）高端阀厅 YY 换流变压器；（b）高端阀厅 YD 换流变压器；
（c）低端阀厅 YY 换流变压器；（d）低端阀厅 YD 换流变压器

表 3-1　　　　　仿真计算换流变压器主绝缘承受电压分量占比

电压形式	直流电压	交流电压有效值				
		50Hz	150Hz	250Hz	300Hz	350Hz
电压幅值（kV）	655.3/468.5/281.7/94.9	93.6	40.7	14.5	14.1	13.9
与 50Hz 的比值	7/5/3/1	100%	43.48%	15.49%	15.06%	14.85%

3.2.1.2　仿真结果验证

首先分析表 3-1 中的四种交直流电压比例计算结果的准确性。在不考虑换流阀开断产生的重复性脉冲和谐波电压分量的情况下，换流单元中每个 6 脉动单相整流阀桥输出的电压 U_{bridge}，空载时在理论上等于直流输出电压 U_{DC}，但由于平波电抗器和整流回路电阻导致的压降，每个阀桥输出的 U_{bridge} 与直流系统输出的 U_{DC} 关系为

$$U_{bridge} = U_{DC}\cos\alpha - U_X - U_R \qquad (3\text{-}1)$$

式中：U_X 为平波电抗器电压降；U_R 为整流回路电阻压降，因 U_R 数值较小，通常可以忽略不计。因此式（2-1）改写为

$$U_{bridge} = U_{DC}(\cos\alpha - U_X/U_{DC}) \qquad (3\text{-}2)$$

U_X/U_{DC} 取值通常为 $0.06\sim0.1$，当 U_X/U_{DC} 取值为 0.1 时，由于触发延迟角 α 取值为 $15°$，式（2-2）经计算简化为

$$U_{bridge} = 0.87U_{DC} \qquad (3\text{-}3)$$

换流变压器阀侧绕组空载线电压有效值 $U_{AC\text{-}line}$ 与直流电压幅值 U_{DC} 的关系为

$$U_{DC} = 3\sqrt{2}U_{AC\text{-}line}/\pi = 1.35U_{AC\text{-}line} \qquad (3\text{-}4)$$

联立式（3-3）和式（3-4），得到

$$U_{bridge} = 1.175U_{AC\text{-}line} \qquad (3\text{-}5)$$

上述推导是针对一组 6 脉动阀桥的输出情况进行分析的，对于 n 组串联的 6 脉动阀桥情况，n 为直流输电系统中整流阀桥的个数，则有换流变压器阀侧绕组主绝缘承受的直流电压幅值 $U_{DC}=(n\text{-}0.5)U_{bridge}$，交流相电压有效值 $U_{AC\text{-}phase}=U_{AC\text{-}line}/\sqrt{3}$，联立后近似计算得到

$$(2n-1)U_{AC-phase} = U_{DC} \qquad (3\text{-}6)$$

$\pm800\text{kV}$ 直流输电系统共包含 4 组 6 脉动阀桥，当 n 取值为 $1\sim4$ 时，由式（3-6）计算得到阀侧绝缘上叠加的直流幅值和交流有效值之比分别约为 1、3、5 和 7，与表 3-1 一致，证明了仿真结果对直流分量及交直流比例计算的准确性。

3.2.2　有油隙尖板缺陷

直流分量会引起极化效应，然而极化过程相对短暂，在电老化过程中并不占主导地位，因此只讨论稳定阶段中直流分量对局放的影响。不同直流分量的复合电压下，局放典型特征变化趋势、谱图分布、脉冲形状与纯直流电压下的类似，但 Q_{ave}、F_{nc}、F_{eqave}、T_{eqave}、T_{uave}、T_{dave} 存在差异。此外，局放实验的外施电压均为各直流分量下正极性起晕电压的 1.2 倍，因此直流分量

对局放特性影响的研究是在相同电老化标准下（即 1.2 倍起晕电压）进行的。

直流分量对 Q_{ave} 与 F_{nc} 的影响如图 3-25（a）所示，Q_{ave} 与 F_{nc} 随直流分量的增加整体呈下降趋势，因为：①直流依电阻分压，故随着直流分量的增加，油隙分压降低，导致油隙放电减弱；②随直流分量的增加，油-纸界面极化电荷密度增加，局放因受到的屏蔽作用增强而减弱；③直流分量越高，由电压变化而产生的油纸分压不均越不明显，因此局放（缺陷充放电）较弱。此外，造成 1∶1 交直流复合电压下 Q_{ave} 反而增加的原因为：①不对称交变电压在油-纸界面上引入的电荷将引起相反极性电压下的强烈局放；②PDIV 测量误差引起的非普遍规律。

直流分量对 F_{eqave} 与 T_{eqave} 的影响如图 3-25（b）所示。直流分量越高，F_{eqave} 越小而 T_{eqave} 越大，因为：直流分量越高，油-纸界面积累的电荷对油隙流注（局放）发展的阻碍作用越大，使局放脉冲上升沿变缓，同时延缓外电路对缺陷充电时间而使局放脉宽增加，表现为 F_{eqave} 减小而 T_{eqave} 增大。

直流分量对 T_{uave} 与 T_{dave} 的影响如图 3-25（c）所示。直流分量越高，正极性局放的 T_{uave} 与 T_{dave} 明显增加，而负极性局放的 T_{uave} 与 T_{dave} 缓慢增加，不仅表明直流分量所引入的油-纸界面极化电荷对流注存在阻碍作用，使放电过程变缓，还表明极化电荷对正极性流注发展的阻碍作用更剧烈。另外，随直流分量的增加，T_u 与 T_d 的分散性整体呈增加趋势（方差增大），说明油-纸界面电荷的不稳定性与直流分量正相关。

3.2.3 无油隙尖板缺陷

直流分量对局放典型特征变化趋势、谱图分布、脉冲形状影响不大，而主要影响 Q_{ave}、F_{nc}、F_{eqave}、T_{eqave} 以及 T_{uave}。无油隙油纸绝缘的电老化过程均在恒压条件下进行，且外施电压均为各直流分量下正极性起晕电压的 1.2 倍，因此研究相同的电老化标准下（即 1.2 倍起晕电压），各个电老化阶段中，直流分量对 Q_{ave}、F_{nc}、F_{eqave}、T_{eqave} 以及 T_{uave} 的影响。

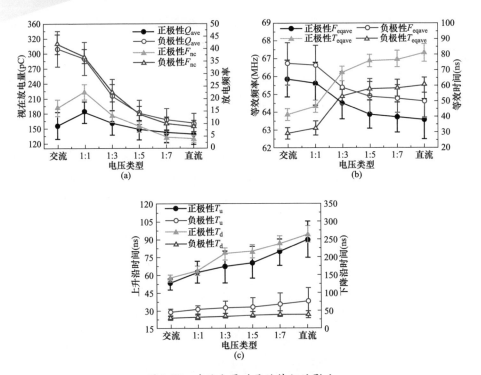

图 3-25　直流分量对局放特征的影响

（a）Q_{ave} 与 F_{nc}；（b）F_{eqave} 与 T_{eqave}；（c）T_{uave} 与 T_{dave}

起始阶段（见图 3-26），由于放电次数过低，Q_{ave}、F_{nc}、F_{eqave}、T_{eqave} 随直流分量的变化无明显规律，同时也无法体现极性效应；T_{uave} 虽体现出极性效应：正极性局放的 T_{uave} 更大，但随直流分量的变化也无明显规律。

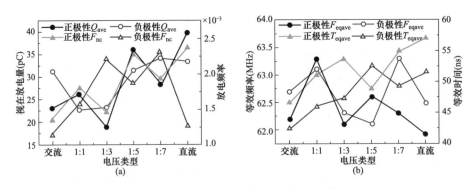

图 3-26　起始阶段中直流分量对局放特征的影响（一）

（a）Q_{ave} 与 F_{nc}；（b）F_{eqave} 与 T_{eqave}

过渡阶段（图 3-27），局放次数仍偏低，但 F_{nc}、F_{eqave}、T_{eqave} 及 T_{uave} 已体现出极性效应：正极性局放的 F_{nc} 与 F_{eqave} 更小，T_{eqave} 与 T_{uave} 更大。另外，F_{nc} 与 T_{eqave} 已体现出与直流分量正相关的变化规律。过渡阶段出现小桥放电，随直流分量的增加，更多杂质在静电力的作用下被吸引至针尖附近，使得 F_{nc} 增加，同时在直流分量作用下，杂质表面也会产

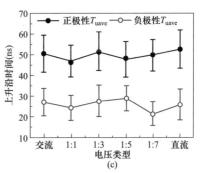

图 3-26　起始阶段中直流分量
对局放特征的影响（二）
（c）T_{uave}

生极化电荷，阻碍小桥间流注的发展与传播，导致 T_{eqave} 增加。

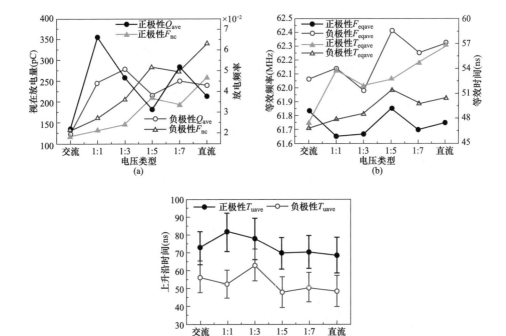

图 3-27　过渡阶段中直流分量对局放特征的影响
（a）Q_{ave} 与 F_{nc}；（b）F_{eqave} 与 T_{eqave}；（c）T_{uave}

发展阶段（见图 3-28），Q_{ave}、F_{nc} 与 F_{eqave} 随直流分量的增加而降低，T_{eqave} 与 T_{uave} 随直流分量的增加而增高，与有油隙油纸绝缘局放特性类似。直流分量

在纸板凹陷内引入的极化电荷将阻碍凹陷内油隙流注的发展与传播，使 T_{eqave} 与 T_{uave} 增加而 F_{eqave} 降低，同时极化电荷畸变空间电场，使凹陷中电场减弱，导致 Q_{ave} 与 F_{nc} 降低。

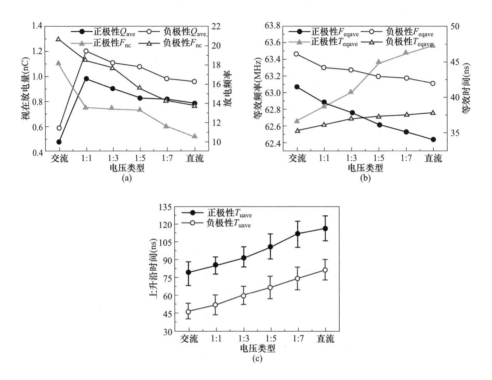

图 3-28　发展阶段中直流分量对局放特征的影响

（a）Q_{ave} 与 F_{nc}；（b）F_{eqave} 与 T_{eqave}；（c）T_{uave}

稳定阶段（见图 3-29）与预击穿阶段（见图 3-30），直流分量对局放特征的影响以及局放特征所体现的极性效应与发展阶段中的类似。

此外，发展阶段中交流电压下的 Q_{ave} 偏低，稳定阶段和预击穿阶段中交流电压下的 Q_{ave} 与 F_{nc} 偏低，可能是阶段划分不精确造成的规律偏差。

3.2.4　尖端沿面缺陷

直流分量对放电典型特征变化趋势、谱图分布、脉冲形状影响不大，而主要影响 Q_{ave}、F_{nc}、F_{eqave}、T_{eqave} 以及 T_{uave}。油纸绝缘沿面模型的电老化过程在恒压条件下进行，且外施电压为各直流分量下正极性起晕电压的 1.2 倍，因此这里主要研究相同的电老化标准下，各个电老化阶段中，直流分量对对 Q_{ave}、F_{nc}、F_{eqave}、T_{eqave} 以及 T_{uave} 的影响。直流分量对强分量沿面放电典型特征的影响。

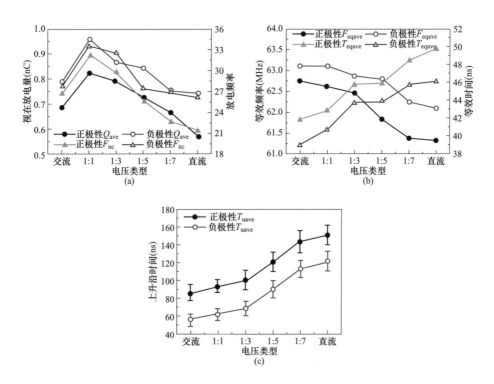

图 3-29　稳定阶段中直流分量对局放特征的影响

（a）Q_{ave} 与 F_{nc}；（b）F_{eqave} 与 T_{eqave}；（c）T_{uave}

3.2.4.1　直流分量对强分量沿面放电典型特征的影响

直流分量对强分量沿面放电典型特征的影响如图 3-31 和图 3-32 所示。起始阶段，随直流分量的增加，Q_{ave} 呈下降趋势，F_{nc} 呈上升趋势，直流分量较高时，电压不存在过零点，持续的高压环境导致放电频率增加，而直流分量引起的极化电荷使沿面放电幅值降低。另外，在起始阶段，直流分量并未对 T_{eqave} 与 F_{eqave} 有明显影响，但在任何直流分量下，二者都体现出相似的极性效应。

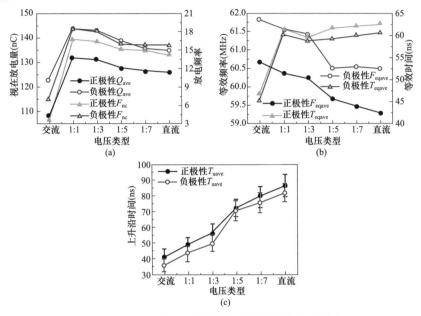

图 3-30 预击穿阶段中直流分量对局放特征的影响

（a）Q_{ave} 与 F_{nc}；（b）F_{eqave} 与 T_{eqave}；（c）T_{uave}

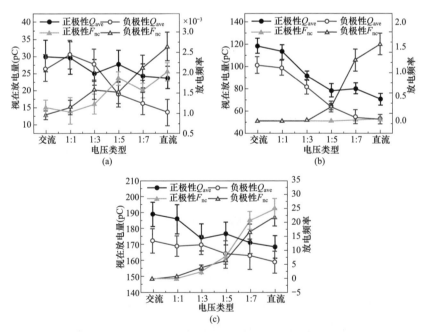

图 3-31 直流分量对强分量沿面放电 Q_{ave} 与 F_{nc} 的影响

（a）起始阶段 IS；（b）发展阶段 DS；（c）击穿阶段 BS

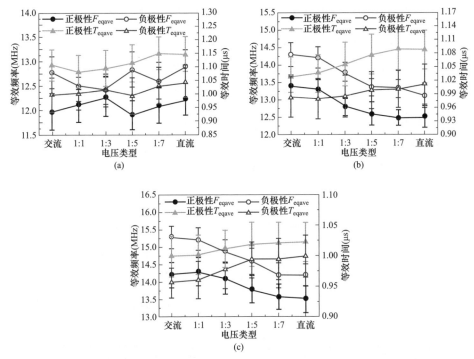

图 3-32 直流分量对强分量沿面放电 T_{eqave} 与 F_{eqave} 的影响

（a）起始阶段 IS；（b）发展阶段 DS；（c）击穿阶段 BS

发展阶段与击穿阶段，随直流分量增加，Q_{ave} 与 F_{eqave} 下降，F_{nc} 与 T_{eqave} 上升。直流分量引入的极化电荷会阻碍沿面流注与油隙流注发展，使放电脉冲上升沿变缓，幅值较低，而气泡与杂质在直流场中更容易聚集而触发放电，并使之维持较长的时间，使 F_{nc} 与 T_{eqave} 增加。发展阶段中，随直流分量增加，负极性放电的 F_{nc} 增加更迅速，说明负极性沿面放电更容易受到直流电场的触发与驱动。

3.2.4.2 直流分量对弱分量沿面放电典型特征的影响

直流分量对弱分量沿面放电典型特征的影响如图 3-33 和图 3-34 所示。

起始阶段，由于放电次数过低，直流分量对放电特征的影响未体现规律性。发展阶段与击穿阶段，直流分量未对 T_{eqave} 与 F_{eqave} 产生明显影响，说明弱垂直分量下，界面积累的极化电荷较少，并未对放电持续时间及放电发展速度产生明显影响。然而，在发展阶段与击穿阶段，随直流分量增加，Q_{ave} 下降，

F_{nc}上升，弱分量沿面放电在发展阶段与击穿阶段中，包含较多小桥放电，而小桥之间的极化电荷随直流分量的增加而增加，导致Q_{ave}下降且F_{nc}上升，同样是因为在直流场中，气泡与杂质更容易聚集而触发放电。此外，正极性放电的Q_{ave}下降幅度更大，负极性放电的F_{nc}增加幅度更大，表明弱垂直分量情况下，正极性Q_{ave}与负极性F_{nc}更容易受到直流分量的影响。

3.2.4.3 直流分量对放电脉冲特性的影响

强、弱垂直分量条件下，直流分量对放电脉冲T_{uave}的影响分别如图3-35与图3-36所示。

强垂直分量条件下，油-纸界面将积累大量的极化电荷，然而起始阶段的T_{uave}不受直流分量的影响，因为：①起始阶段的放电数量不足以体现Tuave的规律性；②起始阶段的放电主要以电晕放电与辉光放电为主，受到界面极化电荷的影响较小。发展阶段与击穿阶段，T_{uave}直流分量的增加而增加，说明此时的

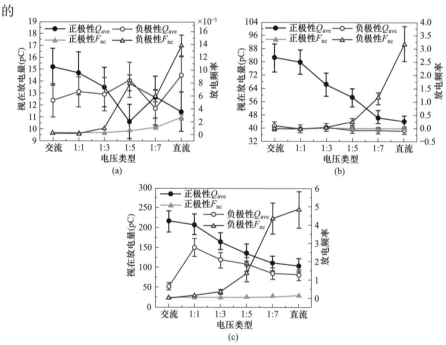

图 3-33 直流分量对弱分量沿面放电 Q_{ave} 与 F_{nc} 的影响
(a) 起始阶段 IS；(b) 发展阶段 DS；(c) 击穿阶段 BS

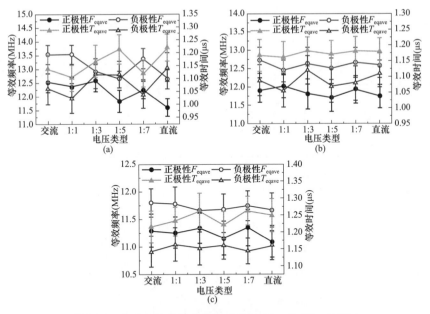

图 3-34　直流分量对弱分量沿面放电 T_{eqave} 与 F_{eqave} 的影响

（a）起始阶段 IS；（b）发展阶段 DS；（c）击穿阶段 BS

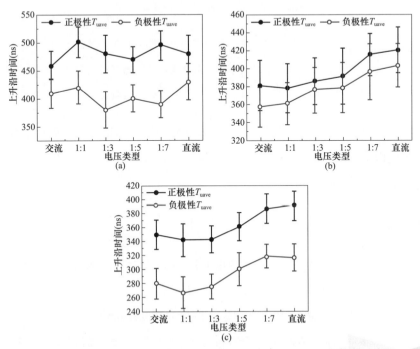

图 3-35　直流分量对强分量沿面放电脉冲波形 T_{uave} 的影响

（a）起始阶段 IS；（b）发展阶段 DS；（c）击穿阶段 BS

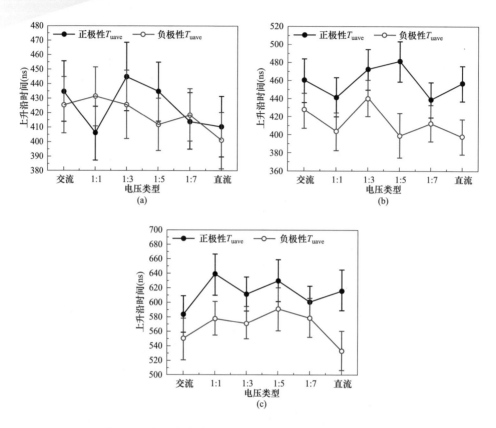

图 3-36 直流分量对弱分量沿面放电脉冲波形 T_{uave} 的影响

（a）起始阶段 IS；（b）发展阶段 DS；（c）击穿阶段 BS

沿面放电范围扩大，且出现的油隙流注放电与小桥放电也会受到极化电荷的影响，阻碍电荷注入，延缓充电时间。另外，强垂直分量条件下，T_{uave} 具有明显的极性效应。

参考文献

［1］ 沙彦超，周远翔，聂德鑫，等. 直流电压作用下油纸绝缘局部放电发展不同阶段的理化特性［J］. 高电压技术，2014，40（1）：80-86.

［2］ 赵畹君. 高压直流输电工程技术［M］. 北京：中国电力出版社，2004.

［3］ 晁阳. ±800kV 向上直流输电系统线路接地过电压及其影响因素仿真研究. 硕士学位论文［D］. 西安：西安交通大学，2013.

［4］ Grotzbach M，Bauta M. Significance of working point determining line current harmonics in controlled AC/DC converter ［C］//Industrial and Commercial Power Systems Technical Conference，1996. Conference Record，Papers Presented at the 1996 Annual Meeting. IEEE 1996. IEEE，1996.

［5］ 鲍连伟. 脉动直流电压下油纸绝缘局部放电特性与多变量失效模型研究. 博士学位论文 ［D］. 重庆：重庆大学，2016.

4 谐波分量对油纸绝缘尖端缺陷局部放电特性的影响

由于在设计制造变压器时要考虑经济因素，其工作磁密选择在磁化曲线的近饱和段上，使得工作时的磁化电流为尖顶形的波形，因此导致变压器电压含有高次谐波。另外，电网中大型变压器基本都以中性点接地的状态运行，很容易受到以单极大地回线或以双极不对称方式运行的直流输电系统的影响而产生谐波电压。本章将介绍谐波分量对局部放电的影响，以换流变压器这一类谐波电压含量很高的变压器为典型例子进行介绍。

4.1 换流变压器阀侧谐波含量

运行状态下的换流变压器阀侧套管端部承受交、直流叠加的复合电压，即为阀侧绕组主绝缘承受的复杂电应力。通过在各支换流变阀侧套管电容芯子末屏引出线上串接阻容测量元件，能够测量得到各个套管对地的交流分量。

某±800kV 特高压换流变在双极满负荷运行时，不同位置的阀侧套管现场实测到的交流电压波形如图 4-1 所示，除工频分量外，还包含大量的高频谐波电压分量，高频分量主要来自电压波形的脉动部分及换相脉冲电压。

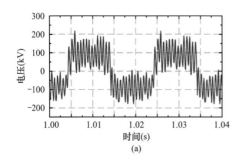
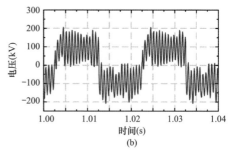

图 4-1　现场实测换流变压器主绝缘承受交流电应力波形（一）

（a）高端阀厅 YY 换流变压器；（b）高端阀厅 YD 换流变压器

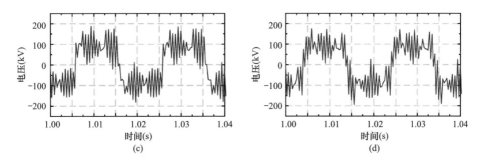

图 4-1　现场实测换流变压器主绝缘承受交流电应力波形（二）

（c）低端阀厅 YY 换流变压器；（d）低端阀厅 YD 换流变压器

对图 4-1 中的 4 类电压波形进行傅里叶变换，获得不同位置换流变压器阀侧主绝缘承受的交流电应力谐波分量，如图 4-2 所示。

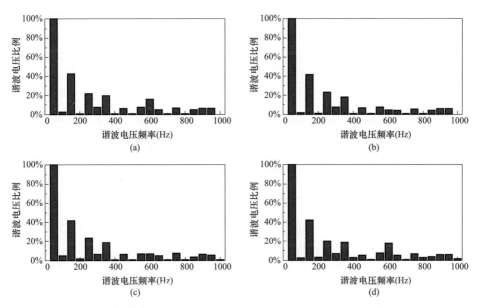

图 4-2　现场实测换流变压器主绝缘承受交流电应力分量

（a）高端阀厅 YY 换流变压器；（b）高端阀厅 YD 换流变压器；

（c）低端阀厅 YY 换流变压器；（d）低端阀厅 YD 换流变压器

阀侧主绝缘承受的交流电应力除大量的 50Hz 工频交流电压外，还包括 150、250、300Hz 和 350Hz 谐波电压分量，其各自分量比例如表 4-1 所示。可以看出，不同位置换流变承受的交流电应力基本相同。

表 4-1　　　　现场实测换流变压器阀侧主绝缘承受交流电应力分量占比

电压频率 （Hz）	高端 YY 换流变压器	高端 YD 换流变压器	低端 YY 换流变压器	低端 YD 换流变压器
50	100.00%	100.00%	100.00%	100.00%
150	42.30%	41.05%	41.55%	42.18%
250	21.46%	22.98%	23.28%	20.26%
300	7.03%	7.04%	6.64%	6.83%
350	19.23%	17.85%	19.18%	18.71%

这一计算结果也与 3.2.1 节的仿真所获得的谐波分量占比基本一致，150、250、300Hz 和 350Hz 谐波含量较多，其中三次谐波含量最高，不同位置的换流变压器主绝缘承受交流分量幅值基本相同。

在本章中，以直流、工频交流和谐波作为基本的电压形式，重点研究单一频率交流电压、不同频率交流叠加直流的复合电压形式下的局部放电特性。

4.2　交流频率对尖端局部放电特性的影响

根据实际换流变压器油纸绝缘中常见的局部放电类型，本节基于设置的油纸绝缘针板（金属突出物）缺陷模型，在试验中通过改变交流电压的频率来研究谐波对局部放电的影响。以 50Hz 工频电压下缺陷的放电特征参量为对比基准，包括起始放电电压、放电重复率、放电量、放电谱图等信息，对 150～350Hz 频率交流电压下的局部放电特性进行比较分析，并总结归纳交流电压频率对油纸绝缘典型缺陷局部放电的作用机理。

为确定局放试验电压幅值，首先匀速缓慢地升高电压直至局部放电发生，重复 5 次，观察并记录局部放电起始电压 U_{PDIV}，50～350Hz 频率范围内的 U_{PDIV} 交流有效值统计如表 4-2 所示。

表 4-2　　　　　　　　不同频率交流电压下针板放电 U_{PDIV}

电压频率（Hz）	50	150	250	300	350
U_{PDIV}（kV）	12.5±1.5	12.8±0.8	12±1.3	12.6±0.8	12.3±0.8

起始放电电压 U_{PDIV} 在不同频率交流电压下的有效值保持在 12～13kV，起

始放电电压的幅值和偏差随交流电压频率的升高变化甚微。下面选取有效值为20、25、30kV 的交流电压进行局部放电试验，研究对比其局部放电统计谱图和特征参量的变化规律。

4.2.1 针板放电统计谱图及其变化规律

图 4-3 和图 4-4 所示为不同频率交流电压下的针板缺陷局部放电 PRPD 谱图，外施电压分别为 20kV 和 30kV。

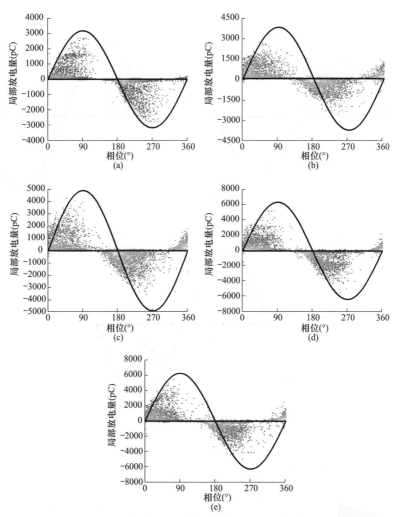

图 4-3　不同频率交流电压下针板放电 PRPD 谱图（20kV 外施电压）
(a) 50Hz；(b) 150Hz；(c) 250Hz；(d) 300Hz；(e) 350Hz

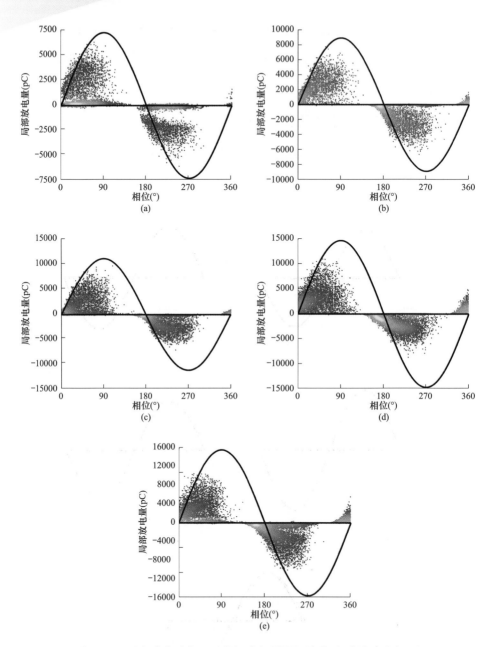

图 4-4　不同频率交流电压下针板放电 PRPD 谱图 （30kV 外施电压）

(a) 50Hz；(b) 150Hz；(c) 250Hz；(d) 300Hz；(e) 350Hz

如图 4-3 和图 4-4 所示，电压频率对针板缺陷下 PRPD 谱图形态没有显著
影响，不同频率交流下正负半周的放电形态均呈现"三角形"，放电脉冲分布

形态比较接近。在 30kV 外施电压作用下，50Hz 和 150Hz 频率的放电谱图中，0°～90°和 180°～270°的相位区间内放电出现了较明显的分层，存在明显分离于主放电区域的高幅值放电脉冲；250Hz 下也存在类似的分层形态，但与低频下相比不明显；当外施电压频率升高至 300Hz 开始，则基本不存在分层现象。300Hz 和 350Hz 频率下 0°和 180°相位附近的放电脉冲分布重心较其他频率明显上移，说明这些区域内高幅值放电脉冲增多。

高频电压下局部放电脉冲更多在交流电压幅值的上升沿附近出现，−30°～90°和 150°～270°的相位区间内放电密度增加。高频下的 PRPD 谱图正负半周的低幅值放电更多向 0°和 180°之前集中，导致正负半周"三角形"逐渐向更前的相位扩展，相位分布重心趋近 0°和 180°之前的相位，谐波频率的增加使得 PRPD 谱图的"三角形"顶部尖端右偏。

外施电压幅值的增加对 PRPD 谱图形态分布影响不大，仅提高了最大放电脉冲幅值，不同电压下的脉冲分布相位区间基本一致，"三角形"形态也相近。

4.2.2 针板放电特征参量及其变化规律

对不同频率交流电压下的针板放电脉冲重复率、最大放电量和平均放电量的变化规律进行了统计，如图 4-5 所示。

随着外施电压频率的升高，针板缺陷放电重复率不断减小。在外施电压有效值为 30kV 时，放电重复率由 50Hz 下的 12 次/周期下降至 350Hz 下的 7.4 次/周期，偏差比为-38.3%。与之相反的是，最大放电量与平均放电量随电压频率的升高而明显增大。在有效值为 30kV 的交流电压下，50Hz 工频的最大放电量和平均放电量分别为 6500pC 和 630pC 左右，而 350Hz 下则分别为 12000pC 和 1700pC，偏差比分别为+84.6%和+170%。此外，放电重复率和放电量在 300～350Hz 频率范围内变化幅度较小，特征参量幅值比较接近，与 50～300Hz 频域相比变化趋于平缓。

局部放电强度随外施电压幅值的升高而更加剧烈，放电重复率和放电量都表现出明显的增大趋势。针板缺陷下随着外施电压频率的增加，放电重复率逐渐下降，最大放电量和平均放电量则呈上升趋势。特征参量的变化在 50～300Hz 变化较为明显，而在 300～350Hz 频段内变化减缓。

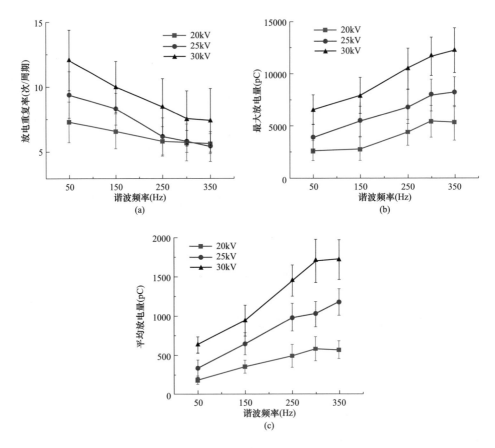

图 4-5　不同频率交流电压下针板放电特征参量

（a）放电重复率；（b）最大放电量；（c）平均放电量

4.2.3　电压频率对针板缺陷局部放电的影响机理

针板电极电场仿真模型如图 4-6 所示。其中板电极直径为 60mm，材料为黄铜；针电极针尖曲率半径选取 70μm，材料为碳钢。在针电极上施加 1kV 交流电压，计算得到该针板电极结构最大场强，即针电极尖端电场强度 $E_{max}=$ 16.9kV/mm，说明油纸绝缘的最薄弱点为针尖附近的变压器油与绝缘纸板表面结合处，这一位置出现了最大电场强度。而稍远离针尖附近的场强便下降很快，整个结构的平均场强 $E_{\text{mean}} = 1\text{kV/mm}$。计算电场不均匀系数 $f = E_{\text{max}}/E_{\text{mean}} = 16.9$，说明曲率半径较小的针电极尖端是一个典型的极不均匀电场，针板电极尺寸参数可以满足模拟换流变压器内部金属尖角或者棱边导致的极不均匀场下局部电场集中的需求。

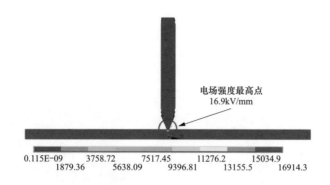

图 4-6　针板缺陷电场仿真图

由于针尖附近电场强度最高，碰撞电离系数极大，容易形成电子崩，放电首先从这一位置开始。电子受电场加速碰撞油中分子，使之解离产生气体；肖特基效应发射的电子电流也会加热变压器油，局部过热导致油本身汽化形成小气泡，这些气泡形成后聚集在针电极尖端附近的纸板表面。由于气体的相对介电常数与变压器油相比更小，交流电压作用下气泡内部电场强度更高；而纯净液体的耐电强度一般高于气体，变压器油的击穿场强为 40kV/mm 左右，高于气体击穿场强的 3kV/mm，所以针尖附近的油中气泡会首先发生击穿，起始放电发生。变压器油是可恢复的绝缘介质，可以起到灭弧的效果。前一次放电熄灭后，针尖附近的变压器油由于气泡的产生和击穿导致的扰动而迅速均匀混合，加速油绝缘的恢复，其绝缘强度的提升抑制了后一次放电的发生。针板油纸界面在交流电压下不会积聚大量的放电残余电荷，针板下基本不存在前一次放电后形成的残余电场对后一次放电的促进作用。

使用扫描电镜和共聚焦显微镜观察针板放电试验后，纸板表面放电点的微观形貌如图 4-7 所示。共聚焦显微镜的观察结果表明，随着外施电压的升高，放电通道由针尖附近向绝缘纸板内部发展，放电烧蚀破坏了纸板的纤维链结构。这里纤维烧蚀指的是沿着多根纤维烧蚀的放电，表现为向纸板内部发展的类似树枝状的结构。扫描电镜的观察结果表明，针尖附近的纸板纤维断裂明显，纸板内部放电烧蚀区域明显大于表面浅坑的烧蚀区域，表明放电在纸板内部的发展并不是单一的垂直方向延伸，而是在水平和垂直方向上均有发展。纸板内部的纤维发生了明显的沿纤维表面放电造成的烧蚀，绝大多数都表现出了断面光滑的结晶特征。

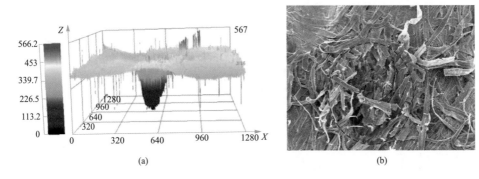

(a)　　　　　　　　　　　　　　(b)

图 4-7　针尖附近纸板表面微观形貌

(a) 共聚焦显微镜；(b) 扫描电镜

纤维的烧蚀与空间电荷的注入有着密切联系，针尖附近的极不均匀电场使得电子在交流的正负半周内被分别抽出和注入纸板表面。当针尖为负极性时，阴极表面发射的电子与二次电离产生的电子直接进入强场区域引发电子崩；当针尖为正极性时，电子则不断向针尖运动，也会引发电子崩。在交流电场频繁交替抽出和注入高能电子的作用下，油纸绝缘结构受到带电粒子碰撞而产生局部降解，电子的自由行程增大，破坏了纸板的纤维链结构，引发了更大规模的分子链断裂。

由于绝缘纸板是由多层纤维交错的绝缘纸叠合而成，多层绝缘纸之间的纤维结合与单张绝缘纸内部相比更弱，局部放电产生的气泡更容易堆积在绝缘纸层间。因此，纸板的内部放电不是简单的树枝状发展的纤维烧蚀，而是兼有纤维烧蚀与层间气泡放电两种形式，两者会相互促进发展。纸板内部纤维烧蚀发展的方向是由外施电场和放电产生的气泡，以及纸板内部自身微小结构所同决定的。随着纤维烧蚀向纸板内部发展，形成了细小的导电通道，被局部放电过程中产生的气泡充满，气泡具有较高的电导率，之后的放电极易沿这些通道进行。层间气泡的出现相当于缩短了针尖与地电极之间的距离，使得气泡前端的电场强度得到了增强，诱发了新的纤维烧蚀，因此放电产生的气泡对纤维烧蚀的发展方向具有一定的引导作用。

气泡发生放电时大量气体分子电离，在电场力的作用下正负离子和电子移动并依附到气泡壁上，形成的附加电场与外施电场方向相反。当外施交流电压波形处于下降沿时，气泡内部出现由反向附加电场主导的放电，与气隙缺陷下反向放电导致放电相位向前扩展的机理相似，由此可以解释 PRPD 谱图在相位过零点附近的放电脉冲分布集中区域。气泡引导了纤维的烧蚀发展方向，而纤维的烧蚀又促进了放电产生更多的气体形成气泡。如图 4-8 所示，针板缺陷下纸板内部放电表现为向下发展的纤维烧蚀放电（E_{ciber}）与层间气泡放电（E_{bubble}）相结合的发展模式。

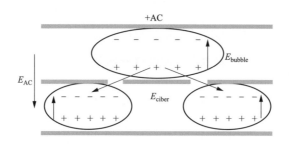

图 4-8　纸板内部放电模式示意图

通过显微镜观察试验过程，发现纸板表面出现了许多气泡的喷出点并产生多条气泡柱，如图 4-9 所示。气泡在放电过程中不断产生，在浮力与电场力的共同作用下，从纸板中结构疏松的区域不断向上涌出，形成类似喷泉的现象。气泡柱的分布区域代表纸板内部正在发生剧烈的放电，气泡分布范围远大于针尖附近的强电场区域，说明由于纤维的烧蚀，纸板内部形成的树枝状放电通道会不断在纸板层间扩大范围，导致纸板内部发生层间气泡放电的区域也不断扩大。

图 4-9　针板缺陷下气泡从纸板内部涌出

频率对油纸绝缘针板缺陷放电的影响主要体现在两个方面。

（1）当外施电压频率较高时，电荷注入的速率加快，高频电压下带电粒子对油纸材料的轰击更加频繁。针尖附近频繁注入带电粒子，有利于纤维烧蚀，导致此处的材料结构损伤最为严重，形成了"树干状"主放电通道。通道内较高的电导率使得放电通道的电势被拉至与针电极相同，局部放电在放电通道前端出现。高电场强度下不断发展的放电通道引发了后续的纤维烧蚀放电，产生了气泡，从而在纸板内部形成纤维烧蚀与层间气泡放电相互作用的混合发展模式。高频电压下放电通道的形成及发展过程如图 4-10 所示。

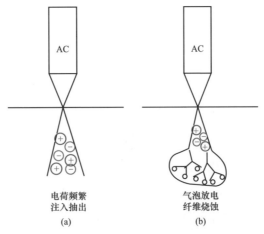

图 4-10　高频电压下纸板内部放电示意图
（a）"树干状"通道形成；（b）放电通道发展

（2）在高频交流电场作用下，油纸绝缘材料由于极化引起的介质损耗急剧增加，介质损耗与频率呈线性关系增长。由于介质损耗产生的热量对油纸材料造成了强烈的侵蚀，其短时耐电强度下降，局部放电对纸板纤维的破坏作用更加明显。高频下极性不断反转的正负电压对纸板频繁冲击，前一次放电后形成的放电通道前端的空间电荷还来不及对放电通道的局部电场造成影响，后一次的局部放电就会发生，使得放电通道继续向下发展。在高频电压下油纸的疲劳和热效应进一步加重，加速了绝缘的劣化程度，在剧烈的放电下以纤维烧蚀为主的树枝状放电通道快速冲击地发展，其放电强度高于低频。

对比不同频率交流电压下局部放电脉冲等效时频谱图（见图 4-11），可以发现，随着电压频率的升高，局部放电脉冲集中分布在高等效频率区域。350Hz 交流电压下的放电脉冲集中在 13～15MHz 的等效频率区域内，而150Hz 电压下的放电脉冲在 7～15MHz 范围内呈现"月牙状"分布，250Hz电压下的等效时频分布介于以上二者之间。12～15MHz 高等效频率区域内分布的放电脉冲表现为沿纤维烧蚀的放电，频率的增长促进了层间纤维的烧蚀，局部放电更加强烈。

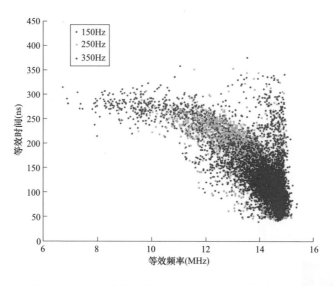

图 4-11　不同频率交流电压下针板放电脉冲等效时频图

4.3　多次谐波作用下的尖端局部放电特性

结合 3.2.1 节的仿真计算结果，对针板缺陷模型施加模拟换流变压器阀侧绕组主绝缘承受的电应力波形，包含交流和直流两种电压分量。其中交流分量除大量的 50Hz 工频分量外，还包括 150、250、300Hz 和 350Hz 频率的谐波分量，谐波叠加在工频分量上导致交流分量上升和下降沿陡度变大，交流成分的总体轮廓类似于上升沿较缓的方波。施加的 50Hz 工频分量有效值与直流分量平均值比例分别为 1∶1、1∶3、1∶5 和 1∶7。经计算，模拟换流变压器实际承受的电应力波形中各频率谐波分量叠加后的交流总分量峰值约为其中包含的 50Hz 工频分量的 1.1 倍，因此可以近似认为：模拟换流变压器实际承受的电应力波形中交流分量与其中 50Hz 工频分量相等，仅波形上升/下降沿更加陡峭。

试验过程中保持施加的 50Hz 工频交流分量有效值与直流幅值比例恒定不变，各次谐波分量比例遵照表 3-1。每种缺陷下分别重复 5 次试验，并记录各个交直流比例下起始放电电压 U_{PDIV} 中的交流分量有效值，统计如表 4-3 所示。

表 4-3　　　　　模拟换流变承受电应力下 U_{PDIV} 交流分量

交直流电压比例	1∶1	1∶3	1∶5	1∶7
针板 U_{PDIV} (kV)	9.5±0.8	6.3±0.5	5.5±0.8	4.3±0.3

可以看出，随着复合电压中直流比例的增加，U_{PDIV} 中的交流分量不断减少，而直流分量不断增加，总起始放电电压呈上升趋势。交直流 1∶1 和 1∶3 比例下针板的起始电压略低于同比例 50Hz 工频交流叠加直流电压下的 U_{PDIV}，波形陡峭度的升高对起始放电电压幅值基本没有影响，U_{PDIV} 主要与外施电压幅值有关。

为保证数据的可对比性，不同交直流比例下试验施加的交流电压峰值与直流幅值的叠加需相同。针板缺陷下施加的交直流复合电压峰值为 45kV，施加的交流分量有效值和直流分量幅值如表 4-4 所示。

94

表 4-4　　　　　　　　　　　针板缺陷下模拟换流变承受电应力分量

电压形式	直流电压	交流分量有效值				
		50Hz	150Hz	250Hz	300Hz	350Hz
与 50Hz 比值	7/5/3/1	100%	43.48%	15.49%	15.06%	14.85%
1：1 比例（kV）	18.6	18.6	8.1	2.88	2.8	2.76
1：3 比例（kV）	30.6	10.2	4.43	1.58	1.54	1.51
1：5 比例（kV）	35	7	3.04	1.08	1.05	1.04
1：7 比例（kV）	37.8	5.4	2.35	0.84	0.81	0.8

针板缺陷下模拟换流变压器实际承受的电应力波形下的 PRPD 谱图如图 4-12 所示，分别为交流分量与直流分量 1：1、1：3、1：5 和 1：7 四种比例。

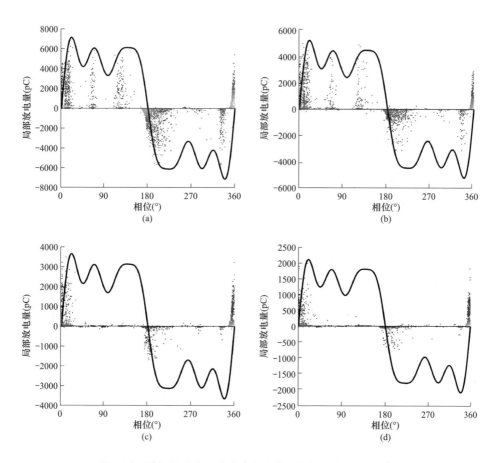

图 4-12　模拟换流变压器承受电应力下针板放电 PRPD 谱图

(a) 交直流 1：1；(b) 交直流 1：3；(c) 交直流 1：5；(d) 交直流 1：7

由图 4-12 呈现的 PRPD 谱图可知，当施加不同的模拟换流变压器主绝缘实际承受的电压波形时，谐波电压分量的存在会使交流分量的上升/下降沿的陡度增大，波形的陡度对局部放电相位分布有着显著的影响。放电脉冲集中在交流分量的波形上升沿，且交流电压波形过零点附近的放电最密集，较大的放电脉冲往往也发生在相位 0° 和 180° 附近。与单一频率交流叠加直流的复合电压下的现象一致，高比例直流分量作用下局部放电脉冲分布的相位区间缩小，正半周期的放电脉冲重复率和放电量与负半周期相比更大。当工频交流与直流分量比例为 1∶1 时，正负半周放电脉冲分布基本对称，负半周放电量和放电重复率仅略小于正半周。而当直流分量升高至 1∶7 比例时，放电基本只发生在正半周期，负半周内只有稀疏的低幅值放电脉冲出现。

针板放电在正半周的脉冲分布形态呈现尖锐的"三角形"，主要集中在 −10°∼10° 的相位区域内。同时 1∶1 和 1∶3 比例下正半周在 60° 和 120° 附近还有两个尖峰分布，对应复合电压波形轮廓"凸起"的位置，此处的电压绝对值较大且波形上升沿较陡峭。负半周的放电脉冲则基本只分布在交流电压波形过零点的 180° 附近。

当复合电压中的交流分量较高时，直流作用引起空间电荷形成的反向电场对复合电场的抑制作用较小。因此正负半周放电特性基本相近，放电集中在电压波形上升沿，即波形陡度较大的相位区域内。当直流电压分量高于 1∶3 时，较大比例的直流分量增加了反向电场的抑制作用，负半周的叠加电场很难满足放电要求，负半周的放电量和放电重复率下降明显。1∶7 比例下的直流电压分量太高，而交流分量很小，即使交流分量波形陡度与 1∶1 比例时相同，也难以达到起始放电条件，放电基本只发生在正半周期。

对于换流变压器主绝缘实际承受的电应力波形，谐波分量的存在使得交流分量的上升/下降沿的陡度增大，对局部放电相位分布有着显著的影响，密集的高幅值放电脉冲集中在交流分量波形过零点的上升沿相位附近。对于换流变压器阀侧绕组主绝缘实际承受的复合电压，现场局部放电试验难以产生这种电压形式，其最佳的等效考核电压类型为直流、工频交流与 3 倍频谐波叠加的复合电压形式，采用 3 倍频谐波能够更好地模拟复合电压中交流分量上升/下降沿波形陡度的影响。

参考文献

[1] Akyuz M，Gao L，Cooray V，et al. Positive streamer discharges along insulating surfaces [J]. IEEE Transactions on Dielectrics and Electrical Insulation，2001，8（6）：902-910.

[2] 程养春，李成榕，岳华山，等. 变压器油纸绝缘针板放电缺陷发展过程 [J]. 高电压技术，2011，37（6）：1362-1370.

[3] 李军浩. 考虑介质老化状态时油纸绝缘局部放电特性研究. 博士学位论文 [D]. 西安：西安交通大学，2010.

[4] 谢安生，李盛涛，郑晓泉，等. 外施电压频率对 XLPE 电缆绝缘中电树枝生长特性的影响 [J]. 电工电能新技术，2006，25（3）：33-36.

[5] 鲍明晖，尹小根，何俊佳. 高频电压下交联聚乙烯中电树枝的形态特性 [J]. 中国电机工程学报，2011，31（34）：184-191.

5 油纸绝缘尖端缺陷流注仿真与局部放电机理

本章以实验研究与仿真计算相结合的方式，针对变压器油纸绝缘局部放电相关研究的薄弱环节进行了细致研究。主要研究油纸绝缘针板间隙模型与针板沿面模型局放特性影响及其放电机理，其中，针板间隙模型分为有油隙的针板模型与无油隙的针板模型，针板沿面模型分为具有弱垂直分量的沿面模型与具有强垂直分量的沿面模型。

5.1 流注仿真建模

5.1.1 油中流体动力学漂移扩散模型

虽然动力学仿真模型可准确地反映电荷迁移特性，但由于其计算量大，不便实现复杂模型的求解。然而，流体动力学漂移－扩散近似模型近年来被广泛应用，此模型不仅耗时短，而且可有效可反映自持放电过程中电场与电荷密度分布的发展规律与相互作用，从而有效描述油中流注的传播及演变过程。上述模型包括三个电流连续方程［见式（5-1）～式（5-3）］与一个泊松方程［见式（5-4）］，以描述电子及正负离子的产生、迁移、消散。描述油中温度变化的热传导方程［见式（5-5）］也不容忽视，忽略电荷扩散时，模型的控制方程为

$$\frac{\partial \rho_e}{\partial t} - \nabla \cdot (\rho_e \mu_e \vec{E}) = -G_I - G_T - \frac{\rho_p \rho_e R_{pe}}{q} - \frac{\rho_e}{\tau_a} \tag{5-1}$$

$$\frac{\partial \rho_p}{\partial t} + \nabla \cdot (\rho_p \mu_p \vec{E}) = G_I + G_D + G_T + \frac{\rho_p (\rho_e R_{pe} + \rho_n R_{pn})}{q} \tag{5-2}$$

$$\frac{\partial \rho_n}{\partial t} - \nabla \cdot (\rho_n \mu_n \vec{E}) = -G_D + \frac{\rho_e}{\tau_a} - \frac{\rho_p \rho_n R_{pn}}{q} \tag{5-3}$$

$$-\nabla \cdot (\varepsilon_{ro} \varepsilon_0 \nabla \phi) = \rho_p + \rho_n + \rho_e \tag{5-4}$$

$$\frac{\partial T}{\partial t} + \vec{v} \cdot \nabla T = \frac{k_{T} \nabla^2 T + (\rho_p \mu_p - \rho_n \mu_n - \rho_e \mu_e) \vec{E} \cdot \vec{E}}{\rho_l c_v} \tag{5-5}$$

式中：t 为时间；ρ_p、ρ_n、ρ_e 分别为正离子、负离子、电子的电荷密度；E 为电场；R_{pe} 与 R_{pn} 分别为正离子一电子、正离子一负离子复合率；τ_a 为电子被分子吸附的时间；ϕ 为电势；T 为油温；其余参数见表 5-1。另外，流注形成演变的时间在 ns 至 ms 范围，因此绝缘油的流动可忽略。

表 5-1 流体动力学模型参数

参数	符号	单位	数值
电子电荷量	q	10^{-19} C	1.602
正离子迁移率	μ_p	m^2/(V·s)	10^{-9}
负离子迁移率	μ_n	m^2/(V·s)	10^{-9}
电子迁移率	μ_e	m^2/(V·s)	10^{-4}
真空介电常数	ε_0	10^{-12} F/m	8.85
油相对介电常数	ε_{ro}		2.2
油质量密度	ρ_l	kg/m^3	880
油导热系数	k_T	W/(m·K)	0.13
油比热容	c_v	kJ/(kg·K)	1.7
电子衰减长度	λ_a	mm	1
可电离油分子密度	n_0	10^{25} m^{-3}	1
油分子距离	a	10^{-10} m	3
电子有效质量	m^*	10^{-32} kg	9.1
普朗克常数	h	10^{-34} J·s	6.626
电离能量参数	Δ	10^{-18} J	1.16
电离能量参数	γ	10^{-23} J·m$^{1/2}$/V$^{1/2}$	1.12
油电导率	σ	10^{-14} S/m	1
碰撞系数	A_t	10^8 m^{-1}	2
碰撞指数项系数	B_t	10^9 V/m	3
玻尔兹曼常数	k_B	10^{-23} J/K	1.38

式（5-1）～式（5-3）中的电荷生成项（场致电离电荷生成项 G_I、强电场解离电荷生成项 G_D、碰撞电离产生电荷生成项 G_T）、复合项、转换项是描述流注动态过程的关键。复合项描述异电荷复合，转换项描述中性分子吸附电子

形成负离子。异电荷复合满足朗之万（Langevin）法则，而电子吸附时间可简化为电子衰减长度 λ_a 和电子速度的商。因此，R_{pe}、R_{pn}、τ_a 分别为

$$R_{pe} = \frac{q(\mu_p + \mu_e)}{\varepsilon_0 \varepsilon_{ro}}, \quad R_{pn} = \frac{q(\mu_p + \mu_n)}{\varepsilon_0 \varepsilon_{ro}} \tag{5-6}$$

$$\tau_a = \frac{\lambda_a}{\mu_e \mid \overrightarrow{E} \mid} \tag{5-7}$$

油分子场电离所致的电荷密度变化率 G_I 由式（5-8）表示；油中离子对解离所致的电荷密度变化率 G_D 满足昂萨格（Onsager）定理，由式（5-9）表示；油中碰撞电离所致的电荷密度变化率由式（5-10）表示，即

$$G_I(\mid \overrightarrow{E} \mid) = \frac{q^2 n_0 a \mid \overrightarrow{E} \mid}{h} \exp\left(-\frac{\pi^2 m^* a \left[IP(\overrightarrow{E})^2 \right]}{q h^2 \mid \overrightarrow{E} \mid}\right) \tag{5-8}$$

$$G_D(\mid \overrightarrow{E} \mid) = \frac{\sigma^2 I_1(4b)}{2 b \varepsilon_0 \varepsilon_{ro} (\mu_p + \mu_n)}, b = \sqrt{\frac{q^3 \mid \overrightarrow{E} \mid}{16 \pi \varepsilon_0 \varepsilon_{ro} k_B^2 T^2}} \tag{5-9}$$

$$G_T(\mid \vec{E} \mid) = A_t \mid \rho_e \mid \mu_e \mid \vec{E} \mid \exp\left(-\frac{B_t}{\mid \vec{E} \mid}\right) \tag{5-10}$$

式中：$IP(\overrightarrow{E}) = \Delta - \gamma\sqrt{\mid E \mid}$ 为液相电离能，满足密度泛函理论（DFT），其中 Δ 与 γ 为电离能的两个参数；I_1 为第一类修正贝塞尔函数；其余参数见表 5-1。

当局放在油中产气时，需对生成项、复合项、转换项进行修正。

5.1.2 纸中双极性载荷子迁移模型

反映绝缘纸板中电场与电荷分布特性的双极性载荷子迁移模型建立在纸板

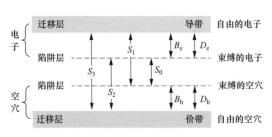

图 5-1 纸板内部电荷分布模型

内部陷阱均匀分布的假设之下，电荷在均匀陷阱的纸板中的迁移与入陷过程如图 5-1 所示。模型中，导带自由电子（价带空穴）与电荷的有效迁移有关，这种有效迁移解释了

电荷可能被陷阱捕获，也可能脱离陷阱。对于双极性载荷子，深陷阱被近似描述为单一陷阱能级。载荷子有可能克服势垒而脱陷，而载荷子的复合主要取决于不同复合对象之间的复合率，一旦陷阱中的载荷子发生复合，陷阱将被释放而可能再次捕获电荷。

双极性载荷子迁移模型涉及四类载荷子，分别为自由的电子（migration electron，ME）、被陷阱束缚的电子（trapped electron，TE）、自由的空穴（migration hole，MH）、被陷阱束缚的空穴（trapped hole，TH）。当忽略电荷扩散时，双极性载荷子迁移模型的基本控制方程为

$$-\nabla \cdot (\varepsilon_{rp}\varepsilon_0 \ \nabla\phi) = \rho_{h\mu} + \rho_{ht} + \rho_{e\mu} + \rho_{et} \tag{5-11}$$

$$\frac{\partial \rho_{e\mu}}{\partial t} - \nabla \cdot (\rho_{e\mu}\mu_{e\mu}\vec{E}) = -S_1\rho_{ht}\rho_{e\mu} - S_3\rho_{h\mu}\rho_{e\mu} - B_e\rho_{e\mu}\left(1 + \frac{\rho_{et}}{N_{et0}}\right) + D_e\rho_{et} \tag{5-12}$$

$$\frac{\partial \rho_{h\mu}}{\partial t} + \nabla \cdot (\rho_{h\mu}\mu_{h\mu}\vec{E}) = +S_2\rho_{et}\rho_{h\mu} + S_3\rho_{e\mu}\rho_{h\mu} - B_h\rho_{h\mu}\left(1 - \frac{\rho_{ht}}{N_{ht0}}\right) + D_h\rho_{ht} \tag{5-13}$$

$$\frac{\partial \rho_{et}}{\partial t} = -S_2\rho_{h\mu}\rho_{et} - S_0\rho_{ht}\rho_{et} + B_e\rho_{e\mu}\left(1 + \frac{\rho_{et}}{N_{et0}}\right) - D_e\rho_{et} \tag{5-14}$$

$$\frac{\partial \rho_{ht}}{\partial t} = +S_1\rho_{e\mu}\rho_{ht} + S_0\rho_{et}\rho_{ht} + B_h\rho_{h\mu}\left(1 - \frac{\rho_{ht}}{N_{ht0}}\right) - D_h\rho_{ht} \tag{5-15}$$

式中：$\rho_{h\mu}$、ρ_{ht}、$\rho_{e\mu}$、ρ_{et}分别为 MH、TH、ME、TE 的电荷密度；ε_{rp}为纸板相对介电常数。双极性载荷子迁移模型中的其余参数见表5-2。

表 5-2　　　　　　　　　　双极性载荷子迁移模型参数

参数	符号	单位	取值
ME 迁移率	$\mu_{e\mu}$	$m^2/(V \cdot s)$	10^{-13}
MH 迁移率	$\mu_{h\mu}$	$m^2/(V \cdot s)$	10^{-13}
纸板相对介电常数	ε_{rp}	—	4
电子最大入陷密度	N_{et0}	C/m^3	100
空穴最大入陷密度	N_{ht0}	C/m^3	100
电子入陷率	B_e	$10^{-3}s^{-1}$	5
空穴入陷率	B_h	$10^{-3}s^{-1}$	5

参数	符号	单位	取值
电子脱陷率	D_e	$10^{-4}\,\text{s}^{-1}$	3
空穴脱陷率	D_h	$10^{-4}\,\text{s}^{-1}$	3
TH-TE 复合率	S_0	$10^{-3}\,\text{m}^3/(\text{C}\cdot\text{s})$	5
TH-ME 复合率	S_1	$10^{-3}\,\text{m}^3/(\text{C}\cdot\text{s})$	5
MH-TE 复合率	S_2	$10^{-3}\,\text{m}^3/(\text{C}\cdot\text{s})$	5
MH-ME 复合率	S_3	$10^{-3}\,\text{m}^3/(\text{C}\cdot\text{s})$	忽略（＝0）
理查德森常数	A	$\text{MA}/(\text{m}^2\cdot\text{K}^2)$	1.2
纸板温度	T_p	K	293.15
电子注入势垒	ω_{ei}	eV	1.18
空穴注入势垒	ω_{hi}	eV	1.19

纸板与电极界面的电荷注入满足肖特基（Schottky）定律，电子注入的电流密度 J_e 与空穴注入的电流密度 J_h 表示为

$$J_e = AT_p^2 \exp\left(-\frac{q\omega_{ei}}{k_B T_p}\right) \exp\left[\frac{q}{k_B T_p}\sqrt{\frac{q\,|\vec{E}|}{4\pi\varepsilon_0\varepsilon_{rp}}}\right] \tag{5-16}$$

$$J_h = AT_p^2 \exp\left(-\frac{q\omega_{hi}}{k_B T_p}\right) \exp\left[\frac{q}{k_B T_p}\sqrt{\frac{q\,|\vec{E}|}{4\pi\varepsilon_0\varepsilon_{rp}}}\right] \tag{5-17}$$

式中参数见表 5-2。抽出电流 J_{ext} 是由电极处电荷抽离所引起的，其近似方程为

$$\begin{cases} J_{ext} = C_{ext}\,|\rho_{e\mu}|\,\mu_{e\mu}\vec{E} \\ J_{ext} = C_{ext}\,|\rho_{h\mu}|\,\mu_{h\mu}\vec{E} \end{cases} \tag{5-18}$$

式中：C_{ext} 为抽出系数，取值范围为 $[0,1]$，仿真中设置 $C_{ext}=0.85$；$\mu_{e\mu}$ 为自由电子迁移率；$\mu_{h\mu}$ 为自由空穴迁移率；$\rho_{h\mu}$ 为自由空穴的电荷密度；$\rho_{e\mu}$ 为自由电子的电荷密度。

5.1.3 边界条件及仿真设置

运用有限元仿真软件进行电场与电荷分布的计算。对于有油隙的局放模型与无油隙的局放模型，搭建二维轴对称仿真模型，如图 5-2（a）与图 5-2（b）

所示，而对于沿面局放模型，搭建二维仿真模型，如图 5-2（c）与图 5-2（d）所示，针尖曲率、针电极长度、油隙宽度、纸板厚度、沿面距离等关键参数均与实际尺寸（见图 5-3）一致。模型边界条件设置见表 5-3。

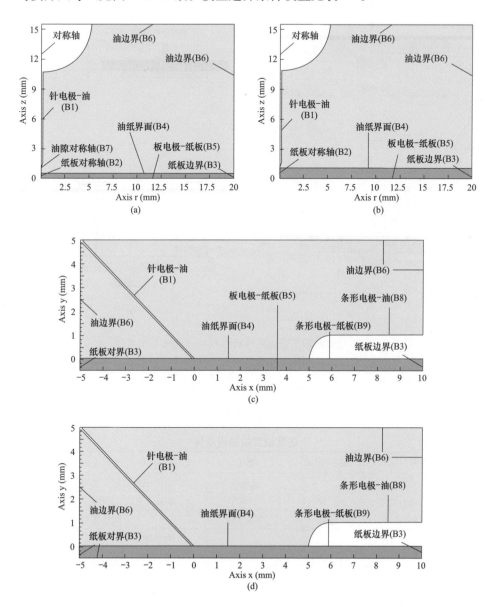

图 5-2　仿真模型示意图

（a）有油隙的仿真模型；（b）无油隙的仿真模型；（c）强垂直分量沿面模型；（d）弱垂直分量沿面模型

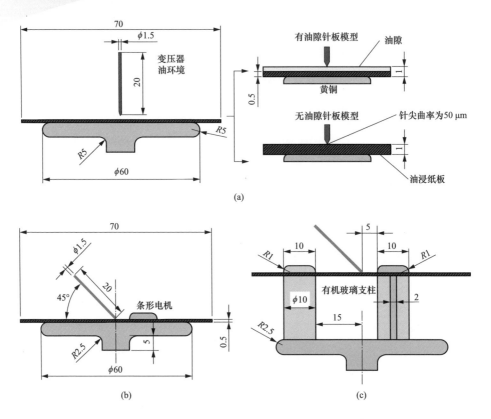

图 5-3 极不均匀电场下油纸绝缘局放模型（电极尺寸单位：mm）

（a）无油隙针板模型与有油隙针板模型；（b）含强垂直分量的沿面针板模型；

（c）含弱垂直分量的沿面针板模型

表 5-3   仿真模型的边界条件

边界	热传递	静电	电荷传输
B1、B8	热绝缘	施加电压/接地	对流通量
B5、B9			通量［见式（5-16）和式（5-17）］
B4		电荷守恒	欧姆模型
B2、B7	对称轴		
B3、B6	开边界		

其中，油-纸界面的边界条件（B4）至关重要，由于不考虑纸板热效应，因此热传递边界条件设置为热绝缘；电场分布取决于外施电场与空间电荷的共同作用，因此设置为满足电荷守恒的电场分布；电荷传输条件反映电荷在纸板

与绝缘油之间不断迁移运动的规律，选用与实际情况更加相符的欧姆模型，即

$$\rho_{s} = \int_{-\infty}^{t} \vec{n} \cdot [(\rho_{p}\mu_{p} - \rho_{n}\mu_{n} - \rho_{e}\mu_{e})\vec{E_{1}} - (\rho_{h\mu}\mu_{h\mu} - \rho_{e\mu}\mu_{e\mu})\vec{E_{s}}]d\tau \quad (5\text{-}19)$$

式中：ρ_{p}、ρ_{n}、ρ_{e} 分别为正离子、负离子、电子的电荷密度；ρ_{s} 是油-纸界面电荷密度；$\vec{n}$ 为油-纸界面法向量；$\vec{E}$ 与 $\vec{E_{s}}$ 分别为油纸界面处纸板中的电场与绝缘油中的电场。

仿真过程中，运用非均匀（逐层细化）的网格划分，并选用直接求解器PARDISO进行仿真计算。

利用本节介绍的流体动力学漂移－扩散模型、双极性载荷子迁移模型、油纸界面电荷迁移欧姆模型，可以构建出空间电场与电荷分布仿真模型，是研究局放特性及机理的基础。

5.2　有油隙尖板缺陷的流注仿真与局部放电机理

交流电压下油隙与纸板所承受电压按电容值分布，油-纸界面不会积累明显极化电荷，因此初始条件中，油-纸界面电荷密度 σ_{int} 设置为零。

交流正半周时，空间电场强度与空间净电荷密度分布如图 5-4（a）所示。流注的演变过程分为扩散、定向发展和界面电荷积累三个阶段。前两个阶段描述了流注在油隙中的传播过程，第三个阶段描述了电荷在油-纸界面积累并形成屏蔽层的过程，电荷屏蔽层将阻碍流注发展，甚至使流注消散。针尖处极强的电场将引起强烈的电离与解离，产生大量电子与离子，在电场作用下，正电荷向纸板迁移，负电荷向针尖迁移并进入电极，最终电荷分层而形成流注体（等离子体属性）与流注边界（正极性净电荷）。产生的流注一方面增强边界处电场而减弱针尖处电场，另一方面在电场驱动下快速扩散（扩散阶段）。由于对称轴上（针尖垂直于纸板的中心线）的电场最强，使此处积累的电荷较多且电荷迁移较快，因此扩散的流注将在边界处产生尖端，随后形成纤细的流注通道定向地向纸板发展（定向发展阶段）。一旦流注到达纸板表面，油-纸界面将迅速积累大量电荷，积累的电荷也将畸变界面电

场而引起强烈电离，使界面电荷密度进一步增加，最终形成阻碍流注发展的电荷屏蔽层，也正是因为界面电荷的屏蔽阻碍作用，使靠近纸板的油隙中出现零场强区域，好似截断了流注通道，使得流注逐渐消散并最终消失（界面电荷积累阶段）。

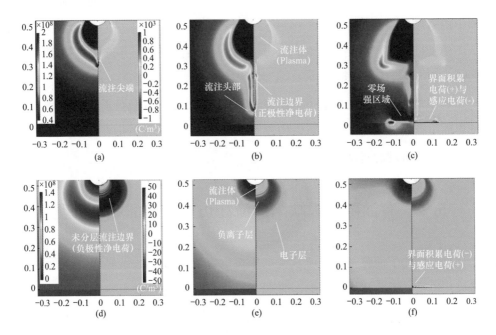

图 5-4　交流电压下的空间电场强度与空间净电荷密度分布

(a) 交流正半周（$t=6ns$）；(b) 交流正半周（$t=36ns$）；(c) 交流正半周（$t=144ns$）；

(d) 交流负半周（$t=2.5ns$）；(e) 交流负半周（$t=10ns$）；(f) 交流负半周（$t=25ns$）

交流正半周时，沿对称轴的空间电场强度与空间净电荷密度分布如图 5-5（a）所示。在扩散阶段，流注头部的电场强度与净电荷密度不断增加，最终产生流注尖端而进入定向发展阶段，此时流注头部电场强度与净电荷密度保持稳定，并使流注在油隙中近似匀速传播。当流注到达纸板表面，电荷的迅速积累以及界面处的强烈电离使流注头部的电场强度与净电荷密度迅速增加，随后却逐渐降低，这是因为油-纸界面电荷不仅在相互斥力作用下沿径向扩散，还会缓慢地进入纸板。此外，由图 5-5（a）亦可知，零场强区域将在界面电荷积累阶段中逐渐形成。

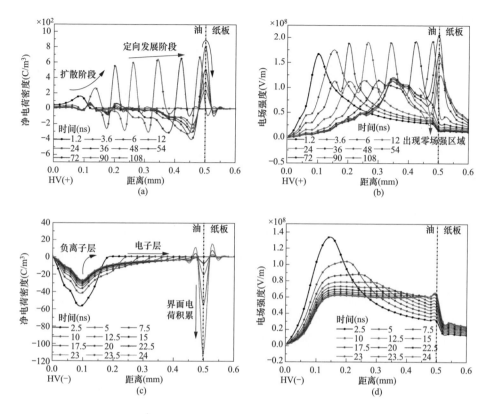

图 5-5　交流电压下沿对称轴的空间电场强度与空间净电荷密度分布

（a）交流正半周空间净电荷密度分布；（b）交流正半周空间电场强度分布；

（c）交流负半周空间净电密度分布；（d）交流负半周空间电场强度分布

交流负半周时，空间电场强度与空间净电荷密度分布如图 5-4（b）所示，沿对称轴的空间电场强度与空间净电荷密度分布如图 5-5（b）所示。流注演变极为迅速，但流注体并未贯穿整个油隙，只有流注边界触及纸板表面。针尖处产生大量电荷，并在电场作用下形成较小范围的流注体（等离子体属性）与较厚的流注边界（负离子与电子）。由于离子与电子迁移率的差异，使流注边界逐渐分层，形成以负离子为主的负离子层和以电子为主的电子层。负离子层的位置与厚度在流注演变过程中基本保持不变，但其电场强度与净电荷密度逐渐降低最终保持稳定，见图 5-5（b）。电子层随流注的演变而不断扩张最终到达纸板表面，其电场强度与净电荷密度的变化规律与负离子层的类似，见图 5-5

（b）。当电子层接触到纸板表面，大量电子将积累于油-纸界面，界面电荷层的形成主要源于扩散的电子层的电荷注入，并不类似于正流注般源于电荷的径向扩散，因此当电子层接触到纸板表面后，纸面对称轴处的净电荷密度不断增加，见图5-5（b）。虽然负流注发展过程中并未出现明显的零场强区域，但油-纸界面积累的电荷同样具有阻碍屏蔽作用，使流注消散并最终消失。

直流电压下油隙与纸板承受的电压按电阻值分布，油-纸界面将积累极化电荷以保证油纸分压平衡；局部放电发生时，流注也会在纸板表面注入大量电荷，同时在纸板表面产生强烈的电离而进一步产生电荷；外电路也会通过流注通道对缺陷充电，注入电荷。然而，油-纸界面电荷又可通过微弱沿面放电、径向迁移、自由扩散、纸板内部陷阱吸附而消散减少。因此，在极性效应、局部放电、电荷消散的共同作用下，直流局部放电过程中的油-纸界面电荷密度并不稳定。基于近似计算，极化过程可引入的最大界面电荷密度约为 $1.8 \times 10^{-4} \mathrm{C/m^2}$（绝对值）；基于仿真计算，由流注注入及其伴随的强烈电离所引起的最大油纸界面净电荷密度约为 $3.9 \times 10^{-4} \mathrm{C/m^2}$；同时，界面电荷的消散不容忽视，因此，在仿真中设置不同的油-纸界面电荷密度 σ_{int} 作为初始条件，以全面地研究直流（及含有直流分量）电压下的空间电场与空间电荷分布特性。

研究表明，油-纸界面电荷密度 σ_{int} 对负极性流注的影响主要体现在传播速度上，而对正极性流注的影响还体现在流注通道的形状上。如图5-6（a）所示，树状流注的发展可分为单流注阶段、树状分枝阶段和界面电荷积累阶段。

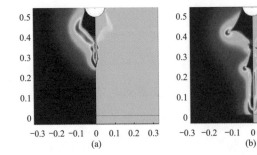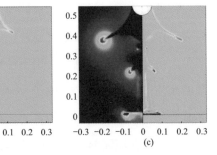

图5-6　直流电压下的空间电场强度与空间净电荷密度分布（$\sigma_{int}=3.0 \times 10^{-4} \mathrm{C/m^2}$）（一）

(a) 正极性（$t=18\mathrm{ns}$）；(b) 正极性（$t=72\mathrm{ns}$）；(c) 正极性（$t=162\mathrm{ns}$）

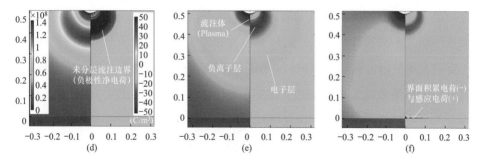

图 5-6　直流电压下的空间电场强度与空间净电荷密度分布（$\sigma_{int}=3.0\times10^{-4}\,C/m^2$）（二）

(d) 负极性（$t=3.0ns$）；(e) 负极性（$t=12ns$）；(f) 负极性（$t=39ns$）

正极性直流电压下，沿对称轴的空间电场强度与空间净电荷密度分布如图 5-7（a）所示。

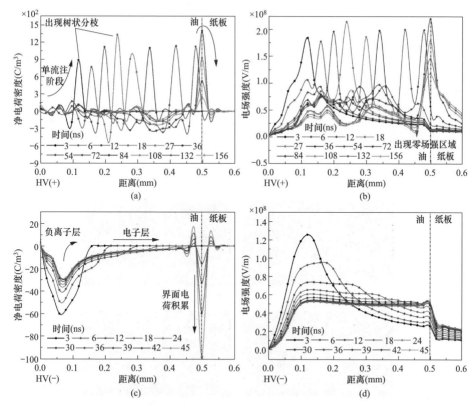

图 5-7　直流电压下沿对称轴的空间电场强度与净电荷密度分布（$\sigma_{int}=3.0\times10^{-4}\,C/m^2$）

（a）正极性空间净电荷密度分布；（b）正极性空间电场强度分布；

（c）负极性空间净电荷密度分布；（d）负极性空间电场强度分布

单流注阶段，流注通道无树状分枝，流注头部的电场强度与净电荷密度随流注的演变不断增加，单流注阶段又可分为类似于交流电压下流注的扩散阶段与定向发展阶段。树状分枝阶段，空间电场与净电荷的分布出现树状分枝，树状分枝传播缓慢且无法贯穿整个油隙，出现分枝的位置与流注头部电场强度及净电荷密度局部峰值对应，出现树状分枝后，流注头部电场强度与净电荷密度先降低再增高，树状分枝是轴向发展的流注在电晕层阻碍作用下沿径向传播，形成的分散短小流注。界面电荷积累阶段，在界面电荷的阻碍屏蔽作用下油隙中出现零场强区域，主流注近似被截断，但树状分枝持续发展，直到主流注几乎完全消失。界面电荷积累阶段中流注头部电场强度与静电荷密度的变化规律与交流电压下的类似。

油-纸界面电荷对负极性流注形状与特性的影响较小，负极性直流电压下流注的演变规律与交流负半周的类似，然而，油-纸界面电荷的阻碍屏蔽作用使得流注体缩小，流注边界的扩散变缓。此外，正是因为直流电压下油-纸界面电荷的阻碍屏蔽作用，导致流注演变变缓，从而使局放脉冲的上升沿与下降沿均变缓，脉宽增加。

为进一步验证仿真结果的准确性，将仿真得到的流注通道与高速摄像机拍摄的流注通道（见图 5-8）进行对比。

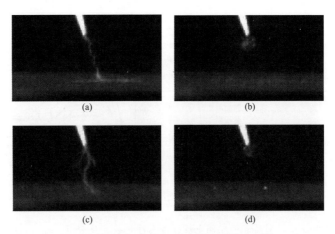

图 5-8　交流与直流电压下的典型流注通道

（a）交流正半周；（b）交流负半周；（c）正极性直流；（d）负极性直流

交流正半周的流注通道贯穿整个油隙，且无树状分枝；正极性直流电压下的流注通道也贯穿整个油隙，且有一些较短的树状分枝。虽然高速摄像机拍摄的正极性流注通道无法反映流注演变的不同阶段，但纤细明亮的通道说明正极性流注的能量集中。负极性流注相对扩散，无法贯穿整个油隙，且明亮的区域只能反映流注边界中负离子层的范围，而无法表示电子层的范围。另外，负极性直流电压下的流注范围略小于交流负半周的流注范围，体现了油-纸界面电荷的阻碍屏蔽作用。综上所述，仿真结果与实验结果类似，验证了仿真结果的准确性。

5.3 无油隙尖板缺陷的流注仿真与局部放电机理

无油隙油纸绝缘的电老化过程伴随复杂的物理现象，如图 5-9 所示。一方面纸板纤维在局放作用下断裂而形成短小的纤维素团飘散在油中 [见图 5-9 (a)]，另一方面局放使纸板内部产生大量气泡，气泡会聚集在纸板缝隙中，并从纸板较薄的位置溢出 [见图 5-9 (b)]，断裂的纤维素与溢出的气泡会引起油隙中的小桥放电，随电老化程度的加深，以及气泡的不断积累，纸面上会形成多个上浮气柱 [见图 5-9 (c)]，最后纸板击穿瞬间将产生大量光和热 [见图 5-9 (d)]。无油隙油纸绝缘的电老化过程中，纸板表面将严重劣化形成凹陷并留下碳化痕迹 [见图 5-10 (a)]，击穿后的纸板将出现贯穿性损伤 [见图 5-10 (b)]。

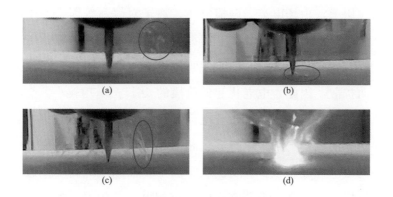

(a)　　　　　　　　　　　　(b)

(c)　　　　　　　　　　　　(d)

图 5-9　电老化过程中的物理现象

(a) 断裂的纤维素团（纸屑）；(b) 溢出的气泡；(c) 气柱；(d) 击穿瞬间

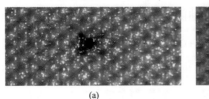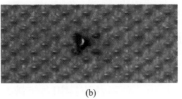

(a)   (b)

图 5-10　纸板表面劣化痕迹

（a）碳化斑与凹陷；（b）贯穿性损伤

纸板不同的劣化程度以及气泡的产生将导致不同电老化阶段的绝缘类型不同，进而使局放机理与局放特性不同。仿真中，运用纸面凹陷深度近似模拟纸板劣化程度，分别讨论纸面劣化凹陷中聚集气体与不聚集气体两种情况下，不同电老化阶段的空间电荷与电场分布特性。

通过实测发现：电老化过程中，纸板表面劣化产生的凹陷深度不断加深，但凹陷半径总在一定范围内波动，即 $0.18\text{mm} < r_{ed} < 0.27\text{mm}$。另外，考虑到小凹陷聚集的气体少，气体难以在浮力作用下逃离而滞留在凹陷中，因此仿真凹陷聚集气体情况时，r_{ed} 暂取 0.2mm；凹陷较大时，聚集的大量气体会克服张力而迅速上浮，因此仿真凹陷不聚集气体情况时，r_{ed} 暂取 0.25mm。

首先探讨纸板凹陷中不聚集气体的情况。不同电老化阶段的电荷与电场分布如图 5-11 所示。

起始阶段，针电极与纸板表面接触，且油中无杂质和气泡，而在针尖处强电场作用下，由场电离、碰撞电离、离子对解离等因素产生的电荷也会积累在油-纸界面，使针尖处电场减弱而油-纸界面电场增强，引起径（横）向的类沿面放电。然而油-纸界面积累的电荷有限，且在斥力作用下迅速沿径向扩散，因此，电老化起始阶段的 Q_{ave} 与 F_{nc} 均较小。交流正半周下，油隙中的等离子体边界（正负电荷混合区边界）稳定且集中，使油中等离子体建立的电极—纸板电气连接相对稳定，进而使纸板充放电过程相对稳定，局放脉冲波动较少；交流负半周下，油隙中等离子体边界不仅扩散还明显分层，边界中的电荷会在纸板充放电过程中引起扰动，使得局放脉冲波动剧烈。

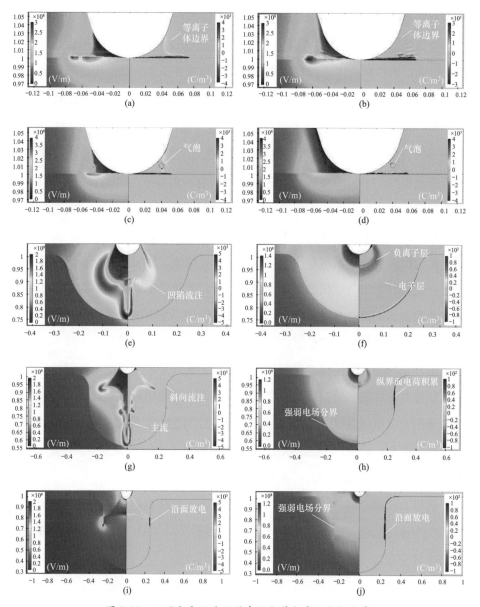

图 5-11　不同电老化阶段的空间电荷与空间电场分布

（a）IS-正极性电压；（b）IS-负极性电压；（c）TS-正极性电压；

（d）TS-负极性电压；（e）DS-正极性电压；（f）DS-负极性电压；

（g）SS-正极性电压；（h）SS-负极性电压；（i）PS-正极性电压；（j）PS-负极性电压

一方面，针尖处的强电场可使绝缘油分解产生气体，气体通过长时间聚集会在针尖周围产生小气泡；另一方面，在起始阶段局放的作用下，虽然纸板表面没有产生凹陷，针电极仍与纸板接触，但针电极周围会产生少量的纸板微纤维（杂质），杂质与气泡会在针电极与纸板之间的斜向油隙引起小桥放电，电老化进入过渡阶段。由于过渡阶段的气泡与杂质并不多，且出现是随机的，因此过渡阶段的 F_{nc} 仍然较小，然而小桥放电属于被分解为多段的流注放电，其放电幅值较起始阶段的类沿面放电幅值有所增强，使得过渡阶段的 Q_{ave} 增加。由图 5-11（d）可知，无论电压极性如何，气泡引起的电场畸变类似，即气泡周围出现剧烈的电场畸变区域，这些畸变的电场引起强烈的电离产生短流注，由于短流注无法鲜明地体现由离子与电子迁移率差异引起的极性效应，因此，电老化过渡阶段的局放脉冲并无明显的极性效应。

在类沿面与小桥放电作用下，纸面纤维被烧蚀，针尖下方纸板出现碳斑与凹陷，使得针电极与纸板表面之间出现油隙，绝缘类型由无油隙油纸绝缘转变为有油隙的油纸复合绝缘，电老化进入发展阶段。发展阶段中的空间电荷与空间电场分布特性与第三章总结的有油隙油纸绝缘的类似，局放的主要形式为流注放电。正极性流注的演变过程仍包括扩散、定向发展和界面电荷积累三个阶段。负极性流注的传播速度快且扩散范围较大，边界仍可分为以负离子为主的负离子层、以电子为主的电子层，其中电子层是油-纸界面电荷的主要来源。由于绝缘类型的改变，引起剧烈的流注放电，使电老化发展阶段的 Q_{ave} 与 F_{nc} 明显增加，同时纸面凹陷进一步加深。

随纸面凹陷在局放作用下的加深，将进入电老化稳定阶段，但局放的主要形式仍为流注放电，故 Q_{ave} 与 F_{nc} 均较高。如图 5-11（h）所示，稳定阶段的电荷与电场分布特性与发展阶段的类似，而不同之处为：

（1）正极性流注除主流注通道外，还出现了斜向流注通道。不同于树状分枝，斜向流注通道与主流注通道共同发展且可到达油-纸界面，主流注会引起强电离而产生大量界面电荷，而斜向流注滞后于主流注到达油纸界面，将受到主流注的屏蔽作用，因此稳定阶段的正极性流注放电性质仍与发展阶段的类似。

（2）负极性流注在凹陷中产生的空间电场明显分为强场区与弱场区，通过强弱电场分界可推断出流注发展的位置。负极性流注率先到达凹陷侧壁，产生纵界面电荷积累，虽然纵界面电荷在库仑力作用下扩散，但无法形成沿面放电，原因是油隙中的流注边界超前于界面电荷分布，将先一步到达未积累电荷的界面建立分压平衡，同时阻碍沿面放电的产生。另外，电老化发展阶段与稳定阶段的局放脉冲与有油隙油纸绝缘的局放脉冲相似，因为它们都属于油隙流注放电。

随凹陷深度进一步增加，将进入预击穿阶段。如图 5-11（j）所示，此时主流注无法维持发展甚至消失，而斜向流注到达凹陷侧壁，并引起轴（纵）向类沿面放电。由于沿面放电发展较慢，且电离强度较弱，因此预击穿阶段的 Q_{ave} 与 F_{nc} 反而较低。预击穿阶段与起始阶段的局放均属于类沿面放电，故其局放脉冲类似，均属于欠阻尼振荡波形。交流负半周的轴（纵）向类沿面放电过程中，油隙流注滞后于纵界面电荷分布，且流注边界未出现电荷分层现象，故其局放脉冲与正极性的类似，无剧烈波动。

综上所述，起始阶段的主要局放类型为径（横）向类沿面放电，过渡阶段的主要局放类型为小桥放电，发展阶段与稳定阶段的主要局放类型为油隙流注放电，预击穿阶段的主要局放类型为轴（纵）向类沿面放电（包含一小段油隙流注过程）。仿真中，各电老化阶段（各类局放类型）对应的凹陷深度如表 5-4 所示。

表 5-4　　　　　　　仿真中的各个电老化阶段对应的凹陷深度　　　　　　（mm）

电老化阶段	IS	TS	DS	SS	PS
凹陷深度（正）	0	0	0～0.40	0.45～0.65	0.70～0.95
凹陷深度（负）	0	0	0～0.30	0.35～0.55	0.60～0.95

纸面凹陷中聚集气体时，电荷与电场分布如图 5-12 所示。

当凹陷中聚集少量气体时，只在凹陷表面形成一层气膜（气体层），气体层具有均匀电场且使缺陷表面光滑的作用，使正极性流注中的斜向流注退化为类电晕放电，但局放主要类型仍为油隙流注放电，此时，局放处于发展阶段或稳定阶段。当凹陷中聚集大量气体时，进入预击穿阶段，此时气体中的电场强度极高，但气体内电荷密度低，使油隙中的流注无法在气体中维持，流注进而转变为沿油－气界面发展的径（横）向类沿面放电。

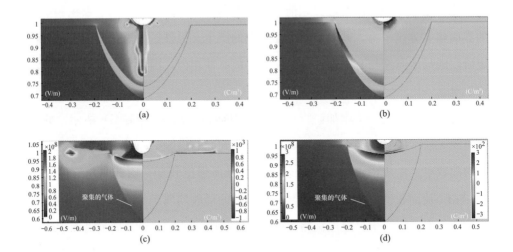

图 5-12　考虑凹陷积累气体时的空间电荷与电场分布

（a）DS 与 SS-正极性电压；（b）DS 与 SS-负极性电压；（c）PS-正极性电压；（d）PS-负极性电压

综上所述，凹陷中聚集少量气体时，局放主要类型为油隙流注放电，处于发展阶段或稳定阶段；凹陷中聚集大量气体时，局放主要类型为径（横）向类沿面放电，处于预击穿阶段。

不可否认，直流分量所引入的界面极化电荷会影响电场与净电荷分布，但通过仿真发现，极化电荷主要影响油隙流注的传播速度以及界面电荷的扩散范围，而不改变各电老化阶段的局放机理以及电荷与电场的分布及演变规律。

不同电老化阶段的局放模式不同，导致局放脉冲波形不同。起始阶段与预击穿阶段均以沿面放电为主，其脉冲为振荡波形，且放电量较低，其中负极性沿面放电脉冲振荡剧烈，因为电子易扩散性导致沿面电荷不稳定；过渡阶段以小桥放电为主，小桥放电受电场极性的影响较小，因此脉冲未体现极性效应；发展阶段与稳定阶段以油隙流注放电为主，放电脉冲与有油隙油纸绝缘针板模型的相似，均为单峰波形。

5.4　尖端沿面缺陷的流注仿真与局部放电机理

强分量沿面模型中，存在沿面流注放电与油隙流注放电；弱分量沿面模型中，存在沿面流注放电。

5.4.1　正极性电压下强分量沿面模型的沿面流注特性

正极性电压下，沿面流注伴随的空间电场与净电荷密度分布如图 5-13 所示，油纸界面电场与净电荷变化曲线如图 5-14 所示。沿面流注在电场强垂直分量作用下双向发展：远离条形电极方向（反向）与靠近条形电极方向（正向）。正向沿面流注分布更广，有可能到达条形电极形成闪络，而反向流注最终稳定分布在距针尖 2.5mm 左右的范围内。流注畸变电场而引起强烈电离与解离，产生大量电荷，其中大部分会在强垂直分量作用下被纸板表面吸附变为"滞留电荷"，在纸板表面形成"流注痕迹"。

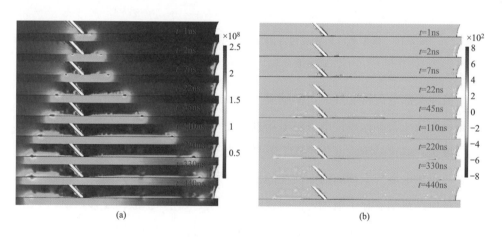

图 5-13　强分量沿面模型的电场与净电荷密度分布（$U=+48kV$）

（a）电场分布；（b）净电荷密度分布

由图 5-14 可知，正向沿面流注与反向沿面流注的发展规律类似。流注头部电场最强（畸变最严重），在发展过程中呈先上升再下降最后稳定的趋势，

117

上升表明此时流注头部能畸变出更强的电场，属于强自持阶段；下降表明此时流注头部畸变电场能力较弱，属于弱自持阶段，可能的原因是流注头部离针电极较远，电离产生的负电荷不仅难以跨越"流注痕迹"，而且受针电极的吸引作用降低，导致难以进入电极消散，进而在流注头部抵消部分正电荷的畸变电场；稳定表明此时流注头部电离产生的电荷维持流注的稳定发展。在低电压或高界面电荷密度条件下，难以出现稳定阶段，沿面流注会在弱自持阶段衰减熄灭，无法形成闪络。

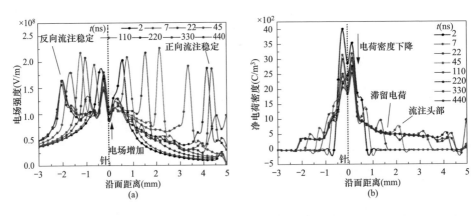

图 5-14　强分量沿面模型的沿面电场与净电荷变化曲线（$U = +48\text{kV}$）

(a) 电场分布；(b) 净电荷密度分布

流注头部电荷密度最大，但随流注发展逐渐减小，强自持阶段电荷密度下降是因为流注头部远离针电极时电场垂直分量迅速减少，导致纸面吸附的电荷迅速减少；弱自持阶段电荷密度下降是因为流注头部电场强度降低。纸面—针尖交界点的电场与电荷随沿面流注的发展分别增加和降低，因为针尖附近电离产生的电荷最初弱化了电场，同时也随流注的发展向外扩散和迁移，使针尖处电荷密度降低而电场强度回升，但由于油纸界面存在大量"滞留电荷"，使针尖处电荷密度降低受限，电场强度回升受限。

由图 5-14 可知，流注头部的电场演变规律与净电荷密度演变规律不一致，是因为界面电场强度不仅受到界面电荷影响，更受到空间电荷影响；而电场电离产生的电荷也只有部分位于油-纸界面。

5.4.2 负极性电压下强分量沿面模型的沿面流注特性

负极性电压下，强分量沿面模型的空间电场与净电荷密度分布如图 5-15 所示，沿面电场与净电荷变化曲线如图 5-16 所示。

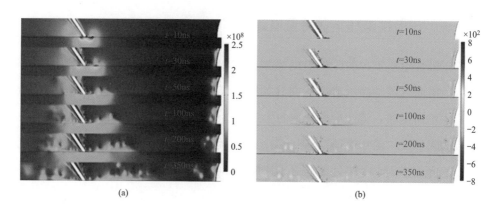

图 5-15 强分量沿面模型的电场与净电荷密度分布 (U＝－48kV)

（a）电场分布；（b）净电荷密度分布

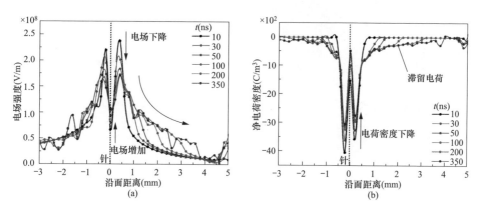

图 5-16 强分量沿面模型的沿面电场与净电荷变化曲线 (U＝－48kV)

（a）电场分布；（b）净电荷密度分布

负极性沿面流注在强垂直分量作用下双向发展，但由于电子迁移率极快，导致负极性沿面流注极为扩散。与正极性沿面流注类似，负极性沿面流注也会在强垂直分量作用下产生"流注痕迹"，流注由针电极至条形电极不断向纸板表面注入电荷，提高界面电场强度，但由于外电场沿径向不断降低，导致电场强度与电荷密度整体呈下降趋势。随着针尖附近电荷的向外扩散与迁移，针尖附近沿面电荷密度下降，电场分布逐渐退化为初始电场（外电场）分布，即界面—针尖处电场增加，而临近区域电场降低。

5.4.3 正极性电压下弱分量沿面模型的沿面流注特性

正极性电压下，弱分量沿面模型的空间电场与净电荷密度分布如图 5-17 所示，沿面电场与净电荷变化曲线如图 5-18 所示。由于电场垂直分量弱，沿面流注单向发展，流注电离产生的大部分电荷沿横向迁移，只有少量沿纵向被纸板吸附形成"滞留电荷"，因此沿面流注无"流注痕迹"。因为没有"滞留电荷"的屏蔽作用，针尖处电场可迅速恢复，待流注发展至远离针电极时，产生二次流注。

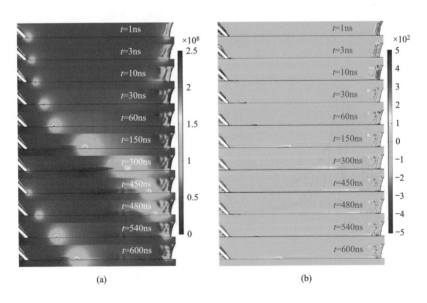

图 5-17　弱分量沿面模型的电场与净电荷密度分布（$U=+59\text{kV}$）

（a）电场分布；（b）净电荷密度分布

由图 5-18 可知，弱垂直分量下，正极性沿面流注仍可按照流注头部电场变化趋势分为强自持阶段、弱自持阶段与稳定阶段，其变化原因与强垂直分量的类似。而在沿面流注发展过程中，油-纸界面处的净电荷密度不断下降，说明无论流注头部电场强度如何，电离产生的空间电荷被纸面吸附的量逐渐减少。在界面一针尖交界处，电离产生的净电荷随流注发展（流注头部远离）不断降低，导致电场逐渐恢复（增强），恢复的电场又将产生二次流注，随后，净电荷密度迅速增加，电场迅速降低。随二次流注的发展（远离），界面一针尖交界处的静电荷密度将再一次降低，而电场再一次恢复，在界面积累大量电荷后停止重复。

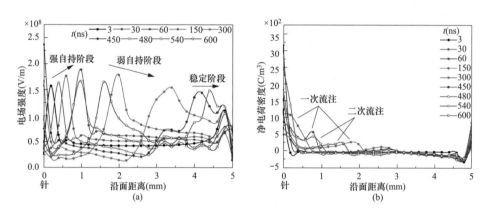

图 5-18 弱分量沿面模型的沿面电场与净电荷变化曲线 （U＝＋59kV）

（a）电场分布；（b）净电荷密度分布

5.4.4 负极性电压下弱分量沿面模型的沿面流注特性

负极性电压下，弱分量沿面模型的空间电场与净电荷密度分布如图 5-19 所示，沿面电场与净电荷变化曲线如图 5-20 所示。

在针尖处强电场作用下，产生大量电荷，其中正电荷会进入电极消散，负电荷在电场强平行分量作用下迅速向条形电极扩散，无法形成"滞留电荷"，因此针尖附近电荷密度迅速降低，电场强度也从畸变状态降至初始状态，针尖处无法形成集中的沿面流注，而当迅速扩散的电子靠近条形电极时，将在条形电极处引发正极性沿面流注。负极性电压下的弱分量沿面模型中是否引起正极性沿面流注与油-纸界面初始电荷密度有关，当界面初始电荷较高时，将产生类似图 5-15 的流注发展过程。

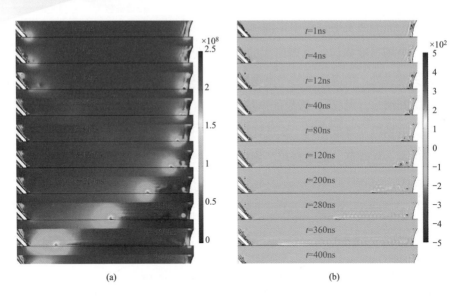

图 5-19　弱分量沿面模型的电场与净电荷密度分布（$U=-59\text{kV}$）

(a) 电场分布；(b) 净电荷密度分布

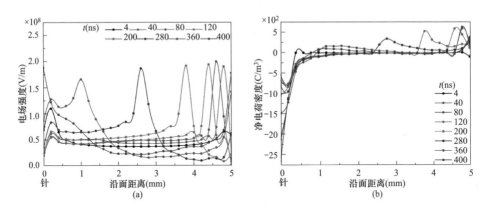

图 5-20　弱分量沿面模型的沿面电场与净电荷变化曲线（$U=-59\text{kV}$）

(a) 电场分布；(b) 净电荷密度分布

　　综上所述，强分量沿面模型中，沿面流注双向发展，会留下流注痕迹，流注痕迹是流注发展过程中产生的电荷在电场强垂直分量作用下聚集于纸面形成的，负极性电压下，电荷与电场分布不稳定，是导致脉冲剧烈振荡的原因之一。弱分量沿面模型中，沿面流注单向发展，不会留下流注痕迹，但正极性下易发生二次流注，导致脉冲出现双峰波形，负极性下易发生反向正极性沿面流注。仿真中，流注发展时间与脉冲上升沿时间基本一致，但无法体现波形的振荡过程与分散性。

5.4.5 强分量沿面模型的油隙流注特性

强垂直分量下，纸板纵向劣化严重，会形成凹陷并产生油隙流注放电，因此在仿真模型中设置了深度为 0.2mm 的理想半圆形凹陷，凹陷中流注发展规律与无油隙针板模型的凹陷流注发展规律类似，故仅以正极性电压为例进行描述。

由图 5-21 可知，存在凹陷时，双向发展的沿面流注变为单向（正向）发展，且在沿面流注产生之前，存在两个阶段：凹陷中流注发展阶段与凹陷表面电荷积累阶段。最初，凹陷中产生快速的油隙流注，当油隙流注到达凹陷表面时，将在油-纸界面积累大量电荷，随电荷不断积累与扩散，最终会溢出凹陷，产生沿面流注，但由于凹陷的存在，沿面流注传播速度变慢。

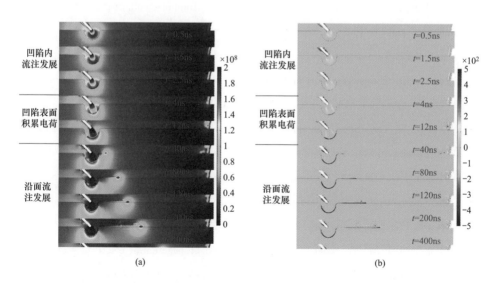

(a)   (b)

图 5-21 强分量沿面凹陷模型的电场与净电荷密度分布 ($U=-59\text{kV}$)

(a) 电场分布；(b) 净电荷密度分布

不可否认，直流分量所引入的界面极化电荷会影响电场与净电荷分布，但通过仿真发现，极化电荷主要影响沿面流注的传播速度及扩散范围，而不改变放电机理以及电荷与电场的分布和演变规律。强分量沿面与弱分量沿面模型中，均以沿面流注放电为主，放电脉冲振荡剧烈，与无油隙油纸绝缘针板模型中电老化起始阶段和预击穿阶段的脉冲类似；负极性电压下，强分量沿面放电脉冲的振荡比弱分量沿面放电脉冲的更剧烈，与负极性电压下无油隙油纸绝缘模型电老化起始阶段局放脉冲比预击穿阶段局放脉冲振荡剧烈的现象相互印证；强分量沿面模型电老化发展阶段的放电脉冲振荡减缓，因为此时放电含有油隙流注放电成分，使放电脉冲具有向单峰波形发展的趋势。

参考文献

[1] Georghiou G E, Papadakis A P, Morrow R, et al. Numerical modelling of atmospheric pressure gas discharges leading to plasma production [J]. Journal of Physics D (Applied Physics), 2005, 38 (20): 303-328.

[2] Jadidian J, Zahn M, Lavesson N, et al. Effects of impulse voltage polarity, peak amplitude, and rise time on streamers initiated from a needle electrode in transformer oil [J]. IEEE Transactions on Plasma Science, 2012, 40 (3): 909-918.

[3] Jadidian J. Charge transport and breakdown physics in liquid/solid insulation systems [D]. Cambridge, MA, USA: Massachusetts Institute of Technology, 2013.

[4] Onsager L. Deviations from ohm's law in weak electrolytes [J]. The Journal of Chemical Physics, 1934, 2 (9): 599-615.

[5] Hwang J G, Zahn M, Pettersson L A A. Mechanisms behind positive streamers and their distinct propagation modes in transformer oil [J]. IEEE Transactions on Dielectrics & Electrical Insulation, 2012, 19 (1): 162-174.

[6] O'Sullivan F M. A model for the initiation and propagation of electrical streamers in transformer oil and transformer oil based nanofluids [D]. Cambridge, MA, USA: Massachusetts Institute of Technology, 2007.

[7] Davari N, P. -O. Åstrand, Voorhis T V. Field-dependent ionisation potential by

constrained density functional theory [J]. Molecular Physics，2013，111（9-11）：1456-1461.

[8] 李忠华，索长友，郑欢. 双层 a＋bE 非线性电导介质界面极化特性的理论研究 [J]. 中国电机工程学报，2016，36（24）：6635-6646.

6

尖端放电特性在油纸绝缘电老化评估与模式识别中的应用

局部放电特性及应用的一个重要的研究方向就是局部放电发展程度的评估和模式识别。变压器中的局部放电可能发生在多个地方并且是由多种类型的缺陷引起的，因此需要识别出不同局部放电源的类型，需要对绝缘状态进行评估。本章前三节将分别介绍基于小波不变矩的电老化评估方法、基于雷达谱图的电老化评估方法以及基于 $\varPhi\text{-}\Delta T\text{-}N$ 模式的电老化评估方法，第四节以基于随机森林算法（RF）的局放模式识别方法为例介绍局部放电的模式识别。

6.1 基于小波不变矩的电老化评估方法

这里提出了一种基于局放谱图小波矩不变量的电老化阶段识别法。由于外施电压中含有直流分量与交流分量，因此同时考虑 TRPD 谱图（见图 6-1）与 PRPD 谱图（见图 6-2）。由于局放谱图要用于阶段识别，因此统一了各类谱图的坐标范围。

由图 6-1 可知，虽然在 TRPD 谱图中考虑了局放极性，但其分布形状也只能有效地反映出 Q_{ave} 与 Q_{max} 的变化规律（先增加后降低），却在局放活动相对强烈的发展阶段、稳定阶段、预击穿阶段无法体现谱图重心的横向变化规律。由图 6-2 可知，PRPD 谱图在直流分量的影响下出现相位错位现象，但并不影响 PRPD 谱图中所包含的局放信息：不仅能有效反映 Q_{ave} 与 Q_{max} 的变化规律，也能反映局放相位重心的变化规律（初始阶段、过渡阶段、预击穿阶段的局放相位重心更靠近电压峰值；发展阶段与稳定阶段的则更靠近电压过零点）。PRPD 谱图中涵盖了 TRPD 谱图中的大部分局放信息，另外通过调研发现，可以直接采集 TRPD 谱图的局放仪并没有可以直接采集 PRPD 谱图的局放仪应用普遍。因此，为减少识别运算量并提高普适性，基于局放谱图小波矩不变量的电老化阶段识别法中忽略 TRPD 谱图。

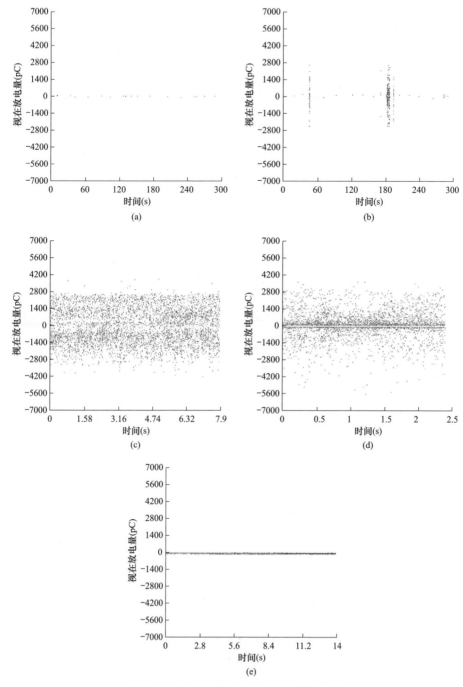

图 6-1　不同电老化阶段的典型 TRPD 谱图

（a）初始阶段；（b）过渡阶段；（c）发展阶段；（d）稳定阶段；（e）预击穿阶段

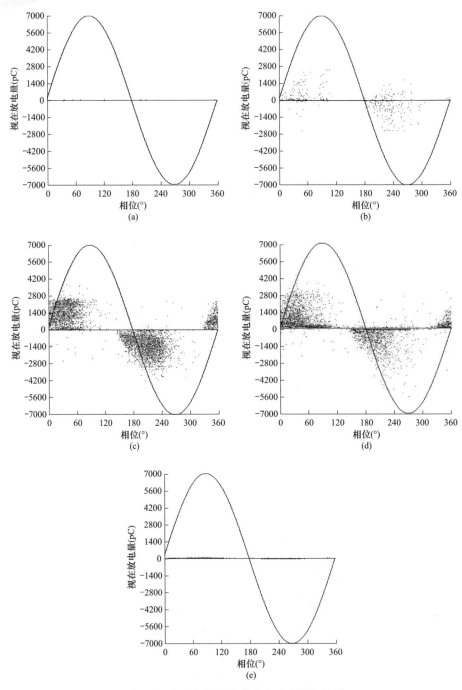

图 6-2　不同电老化阶段的典型 PRPD 谱图

（a）初始阶段；（b）过渡阶段；（c）发展阶段；（d）稳定阶段；（e）预击穿阶段

不同电老化阶段的典型等效时频谱图如图 6-3 所示，演变规律与交流与直流电压下等效时频谱图的演变规律类似，同时可进一步确定"高频垂直分布"局放通常出现在发展阶段，在直流分量作用下出现的"水平尾巴"通常出现在稳定阶段。由于直流分量并不强，因此预击穿阶段的等效时频谱图并没有出现全拱形或左半拱形特征，但等效时频谱图在不同电老化阶段的形状及分布差异大，可有效用于阶段识别。

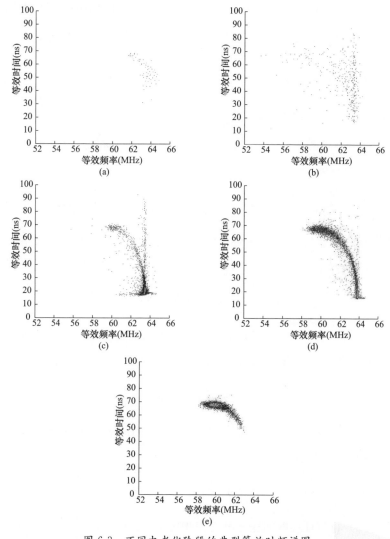

图 6-3　不同电老化阶段的典型等效时频谱图
（a）初始阶段；（b）过渡阶段；（c）发展阶段；（d）稳定阶段；（e）预击穿阶段

选用局放谱图小波矩不变量作为识别特征量的原因有：

（1）首先矩不变量可以有效描述图像中所用像素点的整体分布情况；其次矩不变量对图像色彩无要求；最后满足位移不变性、旋转不变性、放缩不变性，极大地提高了其适应性与普遍性。

（2）将小波变换与图像矩不变量相结合，构成小波矩不变量，因为小波变换可以描述矩不变量在时域与频域的特征信息，也可以突出图像局部特征，小波矩不变量既包含局放谱图的全局特征，又涵盖了一些局放谱图中较弱化的局部特征，最大限度地提高了局放谱图信息利用率，提高识别准确度。

6.1.1 方法原理介绍

6.1.1.1 小波矩不变量

对于二维分布的灰度图像 $f(x, y)$，其（$p+q$）阶原点（几何）矩 M_{pq} 定义为

$$M_{pq} = \iint x^p y^q f(x,y) \mathrm{d}x \mathrm{d}y \qquad p,q = 0,1,2,\cdots \tag{6-1}$$

假设函数 $f(x, y)$ 在极坐标下的形式为 $f(r, \theta)$，故极坐标下的（$p+q$）阶原点矩 F_{pq} 定义为

$$F_{pq} = \iint f(r,\theta) g_p(r) e^{\mathrm{j}q\theta} r \mathrm{d}r \mathrm{d}\theta \tag{6-2}$$

式中：$g_p(r)$ 为变换核的径向分量；$e^{\mathrm{j}q\theta}$ 为变换核的角分量。为使二维灰度图像特征提取问题简化至一维，可将式（6-2）改写为

$$F_{pq} = \int S_q(r) g_p(r) r \mathrm{d}r \tag{6-3}$$

式中：$S_q(r)$ 为 $f(r, \theta)$ 在相位空间 $[0, 2\pi]$ 内的第 q 个（阶）特征，构成关于变量 r 的一维特征序列，$S_q(r)$ 定义为

$$S_q(r) = \int f(r,\theta) e^{\mathrm{j}q\theta} \mathrm{d}\theta \tag{6-4}$$

式（6-3）将特征提取问题分离为在相位空间 $[0, 2\pi]$ 与径向空间 $[0, 1]$ 依次进行的两部分。如果 $g_p(r)$ 是关于变量 r 的全局函数，则提取的特征 F_{pq}

属于全局特征；如果 $g_p(r)$ 是关于变量 r 的局部函数，则提取的特征 F_{pq} 属于局部特征。在极坐标下定义并提取的矩不变量 F_{pq} 的模具有旋转不变性。

小波矩不变量的构成就是用小波基函数替换式（6-3）中的 $g_p(r)$，选用如下小波函数族，即

$$\psi_{a,b}(r) = \frac{1}{\sqrt{a}}\psi\left(\frac{r-b}{a}\right) \tag{6-5}$$

式中：$a(a \in R^+)$ 为尺度因子；$b(b \in R)$ 为位移因子。随上述两个因子的变化，$\psi_{a,b}(r)$ 可表示不同频率分量下的特征值。由于 3 次 B 样条小波函数在频域空间具有最优的局部特性，故将母小波函数 $\psi(r)$ 设为高斯近似的 3 次 B 样条小波函数，即

$$\psi(r) = \frac{4a^{n+1}}{\sqrt{2\pi(n+1)}}\sigma_\omega \cos[2\pi f_0(2r-1)] \times \exp\left[-\frac{(2r-1)^2}{2\sigma_\omega^2(n+1)}\right] \tag{6-6}$$

式中：$n=3$；$a=0.697066$；$f_0=0.409177$；$\sigma_\omega^2=0.561145$。

在实际应用中，$\psi_{a,b}(r)$ 需要格栅化离散，意味着连续的尺度因子 a 与位移因子 b 需要整数离散化。尺度因子 a 离散为 $a=a_0^m$，其中 m 为整数且 $a_0 \neq 1$，位移因子 b 离散为 $b=nb_0a_0^m$，其中 n 为整数且 $b_0 > 0$。当图像的像素尺寸归一化至 $r \in [0,1]$ 的范围内，则 a_0 与 b_0 均可设置为 0.5，而参数 m 与 n 的取值限制为

$$\begin{cases} a = 0.5^m, & m = 0,1,2,\cdots \\ b = 0.5 \cdot n \cdot 0.5^m, & n = 0,1,2,\cdots,2^{m+1} \end{cases} \tag{6-7}$$

因此，在任意角度沿径向的离散小波函数定义为

$$\psi_{m,n}(r) = 2^{\frac{m}{2}}\psi(2^m r - 0.5n) \tag{6-8}$$

使上述小波函数在矩不变量计算过程中旋转扫描所有角方向，则根据不同的 m 与 n 值得到灰度图像的全局特征量与局部特征量，小波矩不变量定义为

$$\|F_{m,n,q}^w\| = \left\|\int S_q(r)\psi_{m,n}(r)r\mathrm{d}r\right\|$$

$$q = 0,1,2,\cdots; \quad m = 0,1,2,\cdots; \quad n = 0,1,\cdots,2^{m+1} \tag{6-9}$$

6.1.1.2 详细的小波矩不变量提取过程

第一步：图像标准化（归一化）。首先，将局放仪采集的局放谱图处理为

131

二值灰度图像；其次，要求所提取的灰度图像特征具有位移不变性、放缩不变性以及旋转不变性，其中旋转不变性可通过极坐标转化来实现，而位移不变性与放缩不变性则需要通过图像标准化以实现。因为图像的中心是不随位移、放缩、旋转的变化而改变，因此，可以通过确定图像的中心，并将其移动至坐标原点的方法，以消除位移的影响。图像中心的确定可通过几何矩实现，几何矩定义为

$$m_{pq} = \sum_{x=1}^{M} \sum_{y=1}^{N} x^p y^q f(x,y) \tag{6-10}$$

其中，$p=0,1,2,\cdots$；$q=0,1,2,\cdots$；原始图像尺寸为 $M \times N$（560×420）。图像的中心为

$$x_0 = \frac{m_{10}}{m_{00}}; \quad y_0 = \frac{m_{01}}{m_{00}} \tag{6-11}$$

式中：m_{00} 为灰度图像的零阶矩，表示图像面积；m_{10} 与 m_{01} 为图像的两个一阶矩，分别表示灰度图像像素点在横轴与纵轴上的累计值。考虑原始图像的边缘裕度，则设定归一化后的图像尺寸为 $N_s \times N_s$，其中 $N_s = 2 \times 2^k \approx M$（560），故取 $N_s = 1024$。通过如下转换将原始灰度图像平移标准化，使其中心位于坐标原点（512，512），并将图像尺寸设置为 $N_s \times N_s$，如果 $f(x,y) = 1$，则 $f_T\left(x - x_0 + \frac{N_s}{2}, y - y_0 + \frac{N_s}{2}\right) = 1$，否则 $N_s \times N_s$ 范围内其他像素点取值为零，即

$$f_T\left(x - x_0 + \frac{N_s}{2}, y - y_0 + \frac{N_s}{2}\right) = 0$$

原始灰度图像 $f(x,y)$ 与平移标准化后的灰度图像 $f_T(x,y)$ 如图 6-4 所示。

放缩标准化可通过设置图像比例系数来实现，传统的比例系数等于图像中心矩与零阶矩之商，但过于复杂，将其化简后可得比例系数 α 等于当前灰度图像的大小与期望尺寸的比值

$$\alpha = \sqrt{\frac{m_{00}}{AREA}} \tag{6-12}$$

式中：$AREA$ 为常数，表示图像的期望尺寸，因此在平移标准化图像 f_t 的基础上，可得到放缩标准化图像 f_s，即

$$f_s(x,y) = f_T(x/\alpha, y/\alpha) \tag{6-13}$$

由于 f_t 已经在尺寸上统一为 $N_s \times N_s$，且样本局放谱图均为无噪声的二进制灰度图像，因此，$AREA$ 可与零阶矩 $\boldsymbol{m}_{00}$ 相等，即 $\alpha=1$。

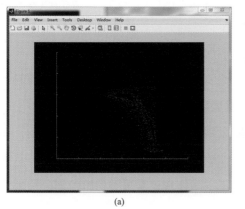
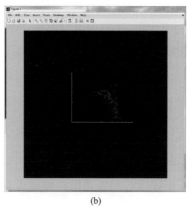

(a)   (b)

图 6-4　灰度图像平移标准化（以等效时频谱图为例）

(a) 原始图像 $f(x, y)$；(b) 平移标准化后的灰度图像 $f_t(x, y)$

第二步：极坐标变换。以 (x_0, y_0) 作为图像中心，$r=0$，1，2，$\cdots$，$N_s/2$ 为半径，$\Delta\theta=2\pi/(4N_s)$ 为相角间隔，f_s 相应的极坐标形式 f_r 可通过如下转换获得：

如果 $f_s\left[r \cdot \cos(t \cdot \Delta\theta) + \dfrac{N_s}{2}, r \cdot \sin(t \cdot \Delta\theta) + \dfrac{N_s}{2}\right] = 1$，则 $f_r(r,t) = 1$，否则 $f_r(r,t) = 0$。

第三步：小波矩不变量提取。式（6-4）的离散形式为

$$S_q(r) = \frac{2\pi}{4N_s} \times \sum_{t=0}^{4N_s-1} f_r(r,t) \cdot e^{\frac{2\pi jtq}{4N_s}} \tag{6-14}$$

然后基于式（6-9）与式（6-14），可得到小波矩不变量为

$$\| F_{m,n,q}^w \| = \left\| \frac{2}{N_s} \sum_{r=0}^{1} S_q\left(r \cdot \frac{2}{N_s}\right) \psi_{m,n}(r)r \right\| \tag{6-15}$$

$$q = 0,1,2,\cdots; \quad m = 0,1,2,\cdots; \quad n = 0,1,\cdots,2^{m+1}$$

其中，$\Delta r = 2/N_s$。为避免维数灾难并使小波矩不变量尽可能多地涵盖局放谱图特征，通过多次尝试比较，最终设定 $q = 0，1，2$；$m = 0，1$；$n = 0，1，2，\cdots，2^{m+1}$。因此，每个局放谱图样本可提取 24 个特征量（小波矩不变量）。

6.1.2　方法应用举例

为提高基于局放谱图小波矩不变量阶段识别法的准确性，在相同实验条件下（1∶1交/正直流复合电压下）进行了三组实验，并运用模糊聚类分析进行阶段划分，作为训练样本，而 2.2.2 节展示的数据样本作为识别目标。

三组实验的阶段划分结果（样本采样时间节点）见表 6-1，共得到起始阶段样本 15 个，过渡阶段样本 9 个，发展阶段样本 12 个，稳定阶段样本 16 个，预击穿阶段样本 9 个。由于电老化阶段划分是通过模糊聚类分析完成的，而电老化阶段识别却要依据局放谱图的小波矩不变量。因此，首先需要验证从训练样本中提取的局放谱图特征能否在特征空间体现模糊聚类的阶段划分结果。

表 6-1　　　　　　　　三组实验样本的阶段划分结果与样本数　　　　　　　　　（min）

组别	电老化阶段				
	IS	TS	DS	SS	PS
1	0～150(5)	180～210(2)	212～227(6)	230～239(4)	242～245(2)
2	0～120(4)	150～240(4)	254～257(2)	260～272(5)	275～284(4)
3	0～180(6)	210～270(3)	278～287(4)	290～308(7)	311～317(3)

注　1. 括号内数字为样本个数。
　　2. IS、TS 阶段每采集 30min 作为一个样本，DS、SS、PS 阶段每采集 3min 作为一个样本。

为直观地展现 61 个训练样本在小波矩不变量特征空间的分布，需要将 24 维的特征空间降维至 2 维平面（便于可视化）。故采用主成分分析（principal component analysis，PCA）进行降维，PCA 是最为常见且有效的特征降维方法。使用 PCA 方法进行降维之前，首先需要检验样本是否适合或需要主成分分析，有两类常用的检验方法：①KMO（Kaiser-Meyer-Olkin）检验，可检测样本之间的局部相关性，KOM 值（0＜KOM＜1）表示取样的适当与充分程度，KOM 值越高说明样本之间的相关性越强，共同因子越多，样本越适宜进行 PCA；②Bartlett 球形检验，基于相关系数矩阵检验样本特征量之间的相关性，其显著性水平表示原始特征之间的相关性，通常认为当显著性水平小于0.01 时，相关系数矩阵不是单位矩阵，需要进行 PCA。实验中采集的 61 个训练样本（每个样本是 24 维特征向量）的检验结果如表 6-2 所示，样本之间以及特征量之间含有重复信息，因此适合且需要进行 PCA。

表 6-2   **KMO 检验与 Bartlett 球形检验**

变量相关性检验		PRPD 谱图	等效时频谱图
KMO 值（取样适当性度量数）		0.707	0.821
Bartlett 球形检验	近似卡方（χ^2 分布）检验值	16102	4308
	显著性水平	0.000	0.000

直接使用 IBM SPSS 软件进行 PCA，分别得到 PRPD 谱图的两个主成分载荷以及等效时频谱图的两个主成分载荷，上述四个主成分载荷列于表 6-3 中。PCA 的物理意义是对原有的 24 个小波矩不变量特征进行线性组合，最后得到两个新的相互独立的特征（因为目标是降至 2 维），使其不仅能有效聚类划分原始样本，还能包含原有特征的大部分信息。由表 6-4 可知，PRPD 谱图的新特征量（前两个主成分）可含原始特征中 92.9% 的信息（累计方差贡献率为 92.9%），等效时频谱图的新特征量（前两个主成分）可含原始特征中93.3% 的信息（累计方差贡献率为 93.3%）。

表 6-3   **因 子 载 荷 矩 阵**

$F_{m,n,q}$ ($F_1 \sim F_{24}$)	元素	主成分载荷（列向量）			
		PRPD 谱图		等效时频谱图	
		Y_{c1}	Y_{c2}	Y_{c1}	Y_{c2}
F_{000}	y_{c1}	0.948	0.307	0.979	0.086
F_{010}	y_{c2}	0.965	0.227	0.983	0.130
F_{020}	y_{c3}	0.982	0.137	0.994	-0.087
F_{100}	y_{c4}	0.990	0.011	0.956	-0.272
F_{110}	y_{c5}	0.979	-0.049	0.939	-0.331
F_{120}	y_{c6}	0.970	0.155	0.976	-0.162
F_{130}	y_{c7}	0.927	0.360	0.978	0.168
F_{140}	y_{c8}	0.930	0.359	0.929	0.355
F_{001}	y_{c9}	0.973	0.061	0.986	0.025

$F_{m,n,q}$ ($F_1 \sim F_{24}$)	元素	主成分载荷（列向量）			
		PRPD 谱图		等效时频谱图	
		Y_{c1}	Y_{c2}	Y_{c1}	Y_{c2}
F_{011}	y_{c10}	0.988	−0.039	0.981	−0.008
F_{021}	y_{c11}	0.993	−0.051	0.986	−0.134
F_{101}	y_{c12}	0.990	−0.098	0.958	−0.226
F_{111}	y_{c13}	0.959	−0.256	0.941	−0.324
F_{121}	y_{c14}	0.981	−0.159	0.952	−0.284
F_{131}	y_{c15}	0.961	0.087	0.993	0.013
F_{141}	y_{c16}	0.964	0.097	0.961	0.246
F_{002}	y_{c17}	0.995	0.002	0.966	0.231
F_{012}	y_{c18}	0.992	−0.101	0.980	0.163
F_{022}	y_{c19}	0.982	−0.180	0.994	0.050
F_{102}	y_{c20}	0.967	−0.237	0.983	−0.087
F_{112}	y_{c21}	0.906	−0.403	0.977	−0.141
F_{122}	y_{c22}	0.938	−0.331	0.984	−0.028
F_{132}	y_{c23}	0.989	0.017	0.962	0.252
F_{142}	y_{c24}	0.985	0.088	0.926	0.368

为进一步验证得到的主成分能否有效聚类划分原始样本，需要计算主成分得分，即原始样本特征向量标准化后与主成分载荷向量的点乘，计算公式为

$$S_{ci} = [F_1, \cdots, F_{24}] \cdot \left[\frac{Y_{ci}}{\sqrt{\lambda_i}}\right], \quad i = 1, 2 \tag{6-16}$$

式中：S_{ci} 表示第 i 个主成分得分；$F_1 \sim F_{24}$ 为 24 个原始小波矩不变量特征值；Y_{ci} 表示第 i 个主成分载荷列向量（表 6-3）；λ_i 为第 i 个原始特征根（见表 6-4）。

表 6-4　　　　　　　　　　　总 方 差 解 释

成分		初始特征值		提取载荷平方和		
		总计（特征根）	方差	总计（特征根）	方差	累计
PRPD 谱图	1	20.5	0.854	20.5	0.854	85.4%
	2	1.8	0.075	1.8	0.075	92.9%
	3	0.7	0.029			
	...	...	...			

成分		初始特征值		提取载荷平方和		
		总计（特征根）	方差	总计（特征根）	方差	累计
等效时频谱图	1	19.9	0.829	19.9	0.829	82.9%
	2	2.5	0.104	2.5	0.104	93.3%
	3	0.5	0.021			
	…	…	…			

以主成分得分作为新的特征量，可在二维平面得到训练样本散点图，并根据已有分类结果进行颜色标注，如图 6-5 所示。

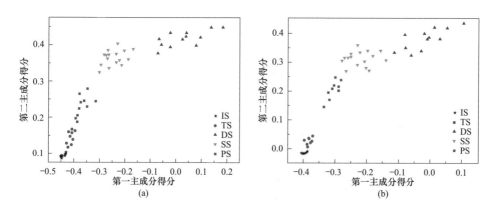

图 6-5　主成分得分散点图

（a）PRPD 谱图；（b）等效时频谱图

PRPD 谱图与等效时频谱图中提取的小波矩不变量特征能够区分不同的电老化阶段：PRPD 谱图可以明显区分发展阶段、稳定阶段与其他阶段，等效时频谱图可以明显区分起始过渡阶段与其他阶段。因此，结合两类谱图便可得到较好的聚类划分结果，并与基于局放特征时间变化规律的聚类结果吻合。另外，PRPD 谱图与等效时频谱图对应的散点图分布类似，因为小波矩不变量表征的是灰度图像的形状特征，而谱图坐标轴作为图像形状的一部分参与计算，两类谱图的坐标轴形状类似，造成散点图分布相似。然而，为使工程上采集的谱图可直接参与阶段识别，并减少图像预处理工作量，在进行识别训练时不剔除谱图坐标轴。

通过 PCA，不仅验证了小波矩不变量用于电老化阶段识别的有效性，也验证了训练样本的适当性。在此基础上，需要在样本原有的 24 维特征空间进行训练，因为训练样本较少，在原有 24 维特征空间进行训练并不会耗时过久，却能保证信息完整，提高识别率（与主成分识别相比）。

采用基于 PSO 优化的 LS-SVM 算法（6.2 节）对样本进行训练，实际上是在 24 维特征空间求取每类样本之间的分界面（超曲面）。样本训练流程图如图 6-6 所示，相关参数设置如下：$T=300$，$w_{max}=0.9$，$w_{min}=0.1$，$c_{1i}=c_{2i}=2.5$，$c_{1f}=c_{2f}=0.5$，$m=3$，σ 和 γ 的搜索范围为 $[10^{-2}, 10^3]$。训练完成后，识别 2.2.2 节展示的目标样本，识别结果如图 6-7 所示。

单独基于 PRPD 谱图的识别率为 92.6%，错误出现在 IS-TS 边界与 TS-DS 边界，单独基于等效时频谱图的识别率为 88.9%，错误出现在 IS-TS 边界、DS-SS 边界与 SS-PS 边界。因此，结合两类谱图，即 PS、SS、DS 的区分以 PRPD 谱图为主，TS 与 DS 的区分以等效时频谱图为主，最终识别率可高达 96.3%。

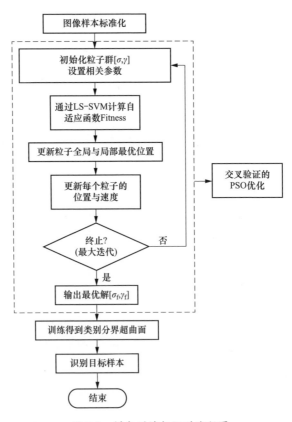

图 6-6　样本训练与识别流程图

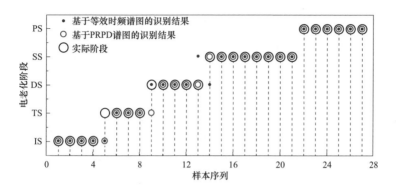

图 6-7　目标样本识别结果

虽然基于局放谱图小波矩不变量的电老化阶段识别方法的识别率较高（超过 95％），而且直接运用局放谱图进行识别，便于工程应用，但此方法涉及 PRPD 谱图，因此只适用于交流分量较强的情况，而当直流分量强时，PRPD 谱图将难以体现极性差异与相位差异，导致识别率降低。

6.2　基于雷达谱图的电老化评估方法

雷达谱图可建立 Q_{max}、Q_{ave}、F_{nc}、d_{max}、T_{eqave}、F_{eqave} 之间的可视化联系，是典型的可视化电老化阶段识别方法。为使雷达谱图具有较强的可比性，六类局放特征应先归一化。由于局放的随机性与分散性，相同电老化阶段中的局放特征量平均值并不相等，因此雷达谱图的坐标范围不仅要在归一化后统一，还应比相应的特征量范围略大，增加雷达谱图的普适性。雷达谱图坐标范围设置为

$$\frac{V_c - V_{min}}{V_{max} - V_{min}} \in [-0.2, 1.2] \tag{6-17}$$

式中：V_c 为坐标值；V_{min} 和 V_{max} 为坐标对应的局放特征量最小值与最大值。雷达谱图坐标的范围是对应局放特征量范围的 1.4 倍。

不同电老化阶段的雷达谱图如图 6-8 所示。可以看出不同电老化阶段的雷达谱图形状不同，而相同电老化阶段的雷达谱图形状相似。进一步研究发现，

无论局放特征量排布顺序如何，不同电老化阶段的雷达谱图形状均存在明显差异，且主要体现在雷达谱图的重心与长宽比两方面。

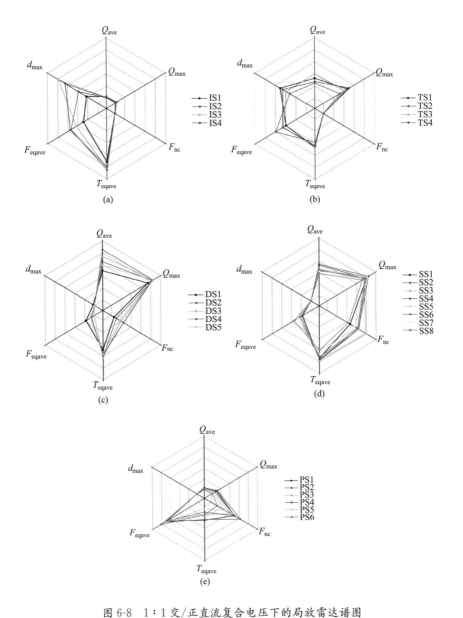

图 6-8　1∶1 交/正直流复合电压下的局放雷达谱图
（a）初始阶段；（b）过渡阶段；（c）发展阶段；（d）稳定阶段；（e）预击穿阶段
（图中数字表示样本序号）

根据局放雷达谱图的形状特性可对电老化阶段进行识别。一方面,定量且有效地反映雷达谱图的形状特征;另一方面,对原始局放特征空间进行降维(降至三维以下),以建立可视化的识别器,故将雷达谱图的重心坐标比 r_{b-c} 与长宽比 r_{d-w} 作为新的识别特征量,定义为

$$r_{d-w} = \frac{h_r}{l_r} \tag{6-18}$$

$$r_{b-c} = \frac{x_r}{y_r} \tag{6-19}$$

式中:l_r 与 h_r 分别为雷达谱图最大水平长度与垂直长度;x_r 和 y_r 分别为雷达谱图重心的横坐标与纵坐标,上述四个量的单位均为像素;r_{d-w} 为图形水平长度与垂直宽度的比值,反映图形宽扁程度,属于形状特征参数;r_{b-c} 是图形重心横坐标与纵坐标的比值,反映图形重心-原点连线与坐标轴的夹角,属于位置特征参数。

27 个局放样本的特征坐标分布于图 6-9 中。可以看出,r_{b-c} 和 r_{d-w} 可以区分不同的电老化阶段。因此,r_{b-c} 和 r_{d-w} 可认为是识别电老化阶段的有效特征量。为划分不同电老化阶段的所属域,采用最小二乘支持向量机求得了不同电老化阶段的分界线。

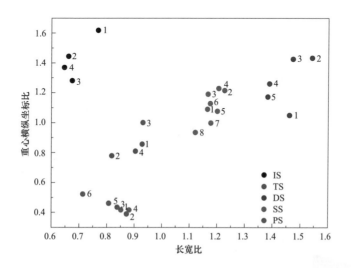

图 6-9 局放(雷达谱图)样本分布图

6.2.1 方法原理介绍

6.2.1.1 最小二乘支持向量机

支持向量机（support vector machine，SVM）基于统计学理论与结构风险最小化理论，是解决非线性分类问题的有效数学方法。最小二乘支持向量机（least squares-SVM，LS-SVM）作为 SVM 的简化版，运用等式约束代替不等式约束，从而建立线性方程组。LS-SVM 有效降低了运算量。

对于给定的 N 个训练数据点 $\{x_j, y_j\}_{j=1}^N$，其中输入为 $x_j \in \mathbf{R}^N$，输出为 $y_j \in \{-1, 1\}$。最小二乘支持向量机求解非线性方程可表示为

$$y_j[w^{\mathrm{T}}\varphi(x_j) + b] = 1 - e_j \tag{6-20}$$

式中：$\varphi(x)$ 为对应高维输入空间的非线性方程；b 为误差项；$w \in \mathbf{R}^N$ 为系数向量；e_j 为第 j 个训练样本实际输出与估计输出的误差项。通过求解如下方程组可得到支持向量机分类结果，即

$$\begin{cases} \min\limits_{w,b,e} J(w,e) = \dfrac{1}{2}w^{\mathrm{T}}w + \dfrac{1}{2}\gamma\sum\limits_{j=1}^N e_j^2 \\ \mathrm{s.\,t.}\ y_j[w^{\mathrm{T}}\varphi(x_j) + b] = 1 - e_j, \quad j = 1,2,\cdots,N \end{cases} \tag{6-21}$$

式中，惩罚因子 γ 控制数据适应性与求解稳定性的关系。定义拉格朗日方程为

$$L(w,b,e,\alpha) = J(w,e) - \sum_{j=1}^N \alpha_j\{y_j[w^{\mathrm{T}}\varphi(x_j) + b] - 1 + e_j\} \tag{6-22}$$

α 为拉格朗日乘子，设置所有微分等式为零，得到

$$\begin{cases} \dfrac{\partial L}{\partial w} = 0 \rightarrow w = \sum\limits_{j=1}^N \alpha_j y_j \varphi(x_j) \\ \dfrac{\partial L}{\partial b} = 0 \rightarrow \sum\limits_{j=1}^N \alpha_j y_j = 0 \\ \dfrac{\partial L}{\partial e_i} = 0 \rightarrow \alpha_j = \gamma e_j \\ \dfrac{\partial L}{\partial \alpha_i} = 0 \rightarrow y_j[w^{\mathrm{T}}\varphi(x_j) + b] - 1 + e_j = 0 \end{cases} \tag{6-23}$$

通过消除 w 和 e_j，优化问题［见式（6-22）］可简化为

$$\begin{bmatrix} 0 & Y^{\mathrm{T}} \\ Y & \Omega + \dfrac{I}{\gamma} \end{bmatrix} \begin{bmatrix} b \\ \alpha \end{bmatrix} = \begin{bmatrix} 0 \\ I \end{bmatrix} \tag{6-24}$$

式中：$I = [1,\ 1,\cdots,\ 1]$；$Y = [y_1,\ \ y_2,\cdots,\ y_N]$；$\alpha = [\alpha_1,\ \alpha_2,\cdots,\ \alpha_N]$；$\Omega$ 为核矩阵。径向基核函数（radial basis function，RBF）对于求解非线性问题具有较好的稳定性与有效性，因此选用 RBF 构建核矩阵，即

$$\Omega_{ij} = \varphi^{\mathrm{T}}(x_i)\varphi(x_j) = K(x_i, x_j) = \exp\left(-\frac{\|x_i - x_j\|_2^2}{\sigma^2}\right) \tag{6-25}$$

其中，σ 为定义核广度的常数。因此，通过求解式（6-24），优化问题可得到解决。其次，优化的高维分类曲面（二维空间为分类曲线）表示为

$$\sum_{j=1}^{N} \alpha_j^* y_j K(x_j, x) + b^* = 0 \tag{6-26}$$

其中，α_j^* 为优化的拉格朗日算子；b^* 可通过任意支持向量 x_{sv} 求得，即

$$y_j \left[\sum_{j=1}^{N} \alpha_j^* y_j K(x_j, x_{\mathrm{sv}}) + b^* \right] = 1 \tag{6-27}$$

特征参数 σ 和 γ 直接影响着 LS-SVM 的性能。由于粒子群算法（particle swarm optimization，PSO）具有高效的全局搜索策略以及相对低的耗时性，这里选用 PSO 优化 LS-SVM 中的 2 个特征参数。设 $p_i(t)$ 为经过 t 次迭代后第 i 个粒子的最优位置，$p_{\mathrm{g}}(t)$ 为得到的包含所有粒子的全局最优解。为寻找最优解，每一个粒子将根据以下公式更新其速度 $v_i(t)$ 与位置 $x_i(t)$，即

$$v_i(t+1) = wv_i(t) + c_1 r(t)[p_i(t) - x_i(t)] + c_2 r(t) \cdot$$
$$[p_{\mathrm{g}}(t) - x_i(t)]x_i(t+1) = x_i(t) + v_i(t+1) \tag{6-28}$$

其中，$r(t)$ 为从开区间（0，1）中抽取的随机变量，在粒子速度的定义中，为不同参与成分提供随机权重。为避免陷入局部最优，用权重系数 w 平衡全局搜索能力和局部搜索能力，其动态定义为

$$w(t) = w_{\min} + (w_{\max} - w_{\min})\frac{T - t}{T} \tag{6-29}$$

式中：t 为当前迭代次数；T 为最大迭代次数；$w_{\max}$ 为初始权重；$w_{\min}$ 为最终权重。式（6-28）中 2 个加速因子 c_1 和 c_2 的动态定义为

$$\begin{cases} c_1(t) = c_{1i} + (c_{1f} - c_{1i})\, \dfrac{t}{T} \\[2mm] c_2(t) = c_{2i} + (c_{2f} - c_{2i})\, \dfrac{t}{T} \end{cases} \qquad (6\text{-}30)$$

式中：c_{1i} 和 c_{2i} 为初始加速因子；c_{1f} 和 c_{2f} 为最终加速因子。在支持向量机识别过程中，提高识别率是主要目标。因此，自适应函数可被定义为 m-级交叉验证过程中的平均识别率，即

$$\text{Fitness} = \frac{1}{m} \sum_{i=1}^{m} \left(\frac{l_T^i}{l^i} \times 100\% \right) \qquad (6\text{-}31)$$

其中，l^i 和 l_T^i 分别为第 i 个验证集中正确分类的样本数量和总样本数量。最大迭代次数 T 设为 300，w_{max} 为 0.9，w_{min} 为 0.1，c_{1i} 和 c_{2i} 为 2.5，c_{1f} 和 c_{2f} 为 0.5，m 为 3，σ 和 γ 的搜索范围为 $[10^{-2},\ 10^3]$。

LS-SVM 虽本质上用于解决二阶分类问题，但可扩展用于解决多阶分类问题。为求取最优分类超曲面（因只涉及二维特征空间，故超曲面退化为曲线），使用一对多（one-against-rest，OAR）扩展方法，将所需的高阶识别问题转化为 5 个二阶识别问题。

6.2.1.2　不同电老化阶段的分界线

根据分类曲线，图 6-9 所示的二维特征平面可被分为 5 个部分，且与电老化过程的 5 阶段对应（见图 6-10）。灰色区域表示未识别区域。因此，特征平

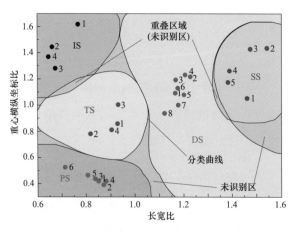

图 6-10　二维特征平面电老化阶段识别器

面（见图 6-10）可作为电老化阶段的识别器，即求取某一时刻局放的 6 个特征量，做出相应的雷达谱图，根据谱图的 r_{b-c} 与 r_{d-w} 在特征平面的位置，便可知道这一时刻的电老化阶段（程度）。此外，分类曲线可能会形成重叠区域，这一区域的样本属于多个发展阶段，故认为重叠区域也属于未识别区域。

6.2.2　方法应用举例

为验证上述识别器的有效性、合理性与普适性，在相同的实验条件下进行了四组实验（主要模拟实际换流变压器可能遇到的情况）：

（1）不改变针板模型参数。实验共采集 29 组局放样本。

（2）改变油纸绝缘老化程度。在 140℃条件下老化 200h，实验共采集 21 组局放样本。

（3）改变纸板厚度，选用 0.5mm 厚的纸板，实验共采集 24 组局放样本。

（4）改变针尖曲率半径，改为 100μm，实验共采集 25 组局放样本。

基于模糊聚类分析，以上四组实验的局放样本均分为五类，分类结果符合局放特征量的时间变化规律。

四组实验样本的识别结果如图 6-11 所示。由图 6-11 可知，四组实验样本的识别率分别为 96.55％、85.71％、91.67％、96％，其中第二组实验（改变老化程度）的样本仍有 4.76％未识别（落入未识别区）。另外，识别偏差通常出现在发展阶段（DS）与稳定阶段（SS）之间。通过四组样本识别率的比较可

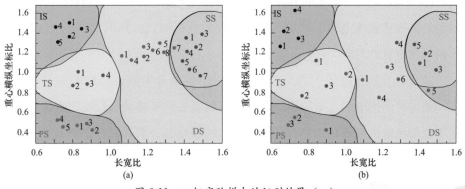

图 6-11　四组实验样本的识别结果（一）

（a）模型参数不变；（b）改变老化程度

145

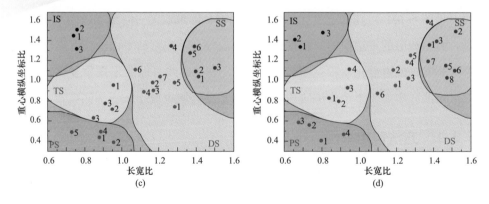

图 6-11　四组实验样本的识别结果（二）

(c) 改变纸板厚度；(d) 改变针尖曲率

知，识别器的有效性受油纸绝缘老化程度影响较大，为减少此影响，可以分别建立不同油纸老化程度下的识别器。本研究所建立识别器的综合识别率为 92.9%。

6.3　基于 Φ-ΔT-N 模式的电老化评估方法

在所有交流电压下局部放电分析模式中，PRPD 模式是应用最为广泛的。在 PRPD 模式中，反映局部放电相位、放电量和放电重复率的 3D 谱图 $H(N, Q, \Phi)$ 是研究的基础。稳态直流电压下的局部放电检测与交流电压下的不同。没有关于频率为 50Hz 或 60Hz 的电源电压的相位信息。因此，局部放电脉冲的放电量和时间是在直流电压下可以获得的两个基本参数。等待恢复模型是来描述直流电压下的局部放电过程的分析模式，用时间间隔（ΔT）表示局部放电脉冲的时间信息。

在交直流复合电压下的局部放电可以得到各种参数，如放电量、放电相位、放电时间间隔和等效频率等，本书使用 Φ-ΔT-N 模式来反映交直流复合电压下油纸绝缘的局部放电特性。Φ-ΔT-N 局部放电分析模式中需要建立 3D 谱图 $H(N, \Delta T, \Phi)$。N 是放电重复率，ΔT 是两个局部放电脉冲之间的时间间隔，Φ 是放电相位。ΔT_k 用于表征第 k 个局部放电脉冲与前一个脉冲的时间间隔，并且 $\Delta T_k = T_k - T_{k-1}$。如果将一个工频周期的 360°划分为 I 个相位窗口，并且将 20ms 划分为 J 个时间窗口，则 n_{ij} 是第 i 个相位窗口和第 j 个时间窗口中的局部放电重复率。考虑到整个实验过程中获得的数据量和计算复杂度，本书中 $I=360$，$J=200$。

6.3.1 方法原理介绍

一个样本的 $H(N，\Delta T，\Phi)$ 谱图数据是具有 200 行和 360 列的矩阵。这些矩阵的改变对应于局部放电的变化过程。在本书中，采用矩阵重心作为综合特征变量。局部放电的相位、时间间隔和重复率一起影响重心的位置。设 C 是矩阵的重心，$(x_c，y_c)$ 是 C 的位置坐标，其计算方法为

$$x_c = \frac{\sum P_i x_i}{\sum P_i}，\qquad y_c = \frac{\sum P_i y_i}{\sum P_i} \tag{6-32}$$

式中：P_i 是矩阵中位置 $(x_i，y_i)$ 处的元素。以球板模型的局部放电实验数据为例，其 C 的坐标位置 $(x_c，y_c)$ 随时间变化过程如图 6-12 所示。

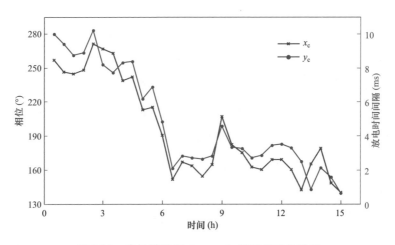

图 6-12　球板模型 $C(x_c，y_c)$ 随时间变化过程

重心的位置在局部放电过程中具有不平滑的发展过程。在线监测的情况下，特征量变化过程的振荡分量对实时判断具有一定的不利影响。这些振荡分量的形成原因是：局部放电发展过程本身不光滑，实验样本采集是随机的。因此特征量发展过程波形的非光滑性与通常信号处理中信号叠加白噪声的结构不同。所以传统的基于"去噪"和"提高信噪比"思想的去噪滤波方法并不适合

这里的需求。而更合适的理念应是将光滑发展但又可以反映波形变化整体特性的趋势提取出来作为参考。

令 Tr 为 C 的趋势，(x_t, y_t) 为 Tr 的坐标。在本书中，选择 VMD 来提取重心 C 的位置趋势 Tr。VMD 是一种非递归信号分解方法，其核心是将输入信号分成 k 个有限带宽，分别称为具有中心频率的模态，并让所有模态的带宽估计和最小化。设一个约束变分问题模型为

$$
\begin{cases}
\min\limits_{\{u_k\},\{\omega_k\}} \left\{ \sum\limits_{k} \left\| \partial_t \left[\left(\delta(t) + \dfrac{\mathrm{j}}{\pi t} \right) \cdot u_k(t) \right] \mathrm{e}^{-\mathrm{j}\omega_k t} \right\|_2^2 \right\} \\
\mathrm{s.\,t.} \quad \sum\limits_{k} u_k = f
\end{cases}
\tag{6-33}
$$

式中：$\{u_k\} := \{u_1, \cdots, u_k\}$，为所有模态的集合；$\{\omega_k\} := \{\omega_1, \cdots, \omega_k\}$，为所有模态的中心频率；$\delta(t)$ 为冲激函数；f 为原始信号。为了得到变分问题的最优解，引入拉格朗日乘数算子 $\lambda(t)$，将约束变分问题转化为如式（6-34）所示的无约束变分问题，即

$$
L(\{u_k\}, \{\omega_k\}, \lambda) := \alpha \sum_{k} \left\| \partial_t \left[\left(\delta(t) + \dfrac{\mathrm{j}}{\pi t} \right) \cdot u_k(t) \right] \mathrm{e}^{-\mathrm{j}\omega_k t} \right\|_2^2 +
$$
$$
\left\| f(t) - \sum_{k} u_k(t) \right\|_2^2 + \left[\lambda(t), f(t) - \sum_{k} u_k(t) \right]
\tag{6-34}
$$

其中，α 是平衡数据保真度约束的二次惩罚因子。拉格朗日函数的鞍点是通过交替方向乘子算法得到的，其具体计算步骤为：

（1）初始化各模态分量 $\{u_k^1\}$ 和各中心频率 $\{\omega_k^1\}$ 以及拉格朗日乘数算子 λ^1，令 $n=0$，将各个参量转变到频域内。

（2）按照式（6-35）在非负频率区间内更新 u_k，即

$$
\hat{u}_k^{n+1}(\omega) \leftarrow \frac{\hat{f}(\omega) - \sum\limits_{i<k} \hat{u}_i^{n+1}(\omega) - \sum\limits_{i>k} \hat{u}_i^{n}(\omega) + \dfrac{\hat{\lambda}^n(\omega)}{2}}{1 + 2\alpha(\omega - \omega_k^n)^2}
\tag{6-35}
$$

（3）按照式（6-36）更新 ω_k，即

$$
\omega_k^{n+1} \leftarrow \frac{\displaystyle\int_0^\infty \omega \,|\, \hat{u}_k^{n+1}(\omega) \,|^2 \,\mathrm{d}\omega}{\displaystyle\int_0^\infty |\, \hat{u}_k^{n+1}(\omega) \,|^2 \,\mathrm{d}\omega}
\tag{6-36}
$$

（4）按照式（6-37）在非负频率区间更新 λ，即

$$\hat{\lambda}^{n+1} \leftarrow \hat{\lambda}^n + \tau \left[\hat{f}(\omega) - \sum_k \hat{u}_k^{n+1}(\omega) \right] \tag{6-37}$$

（5）对于一个给定的判定精度 $\varepsilon > 0$，满足式（6-38）则停止迭代，否则返回步骤（2）。

$$\frac{\sum_k \left\| \hat{u}_k^{n+1} - \hat{u}_k^n \right\|_2^2}{\left\| \hat{u}_k^n \right\|_2^2} < \varepsilon \tag{6-38}$$

式中：$\hat{u}_k^{n+1}(\omega)$，$\hat{f}(\omega)$ 和 $\hat{\lambda}^{n+1}(\omega)$ 分别为 u_k^{n+1}，$f(t)$ 和 λ^{n+1} 各自对应的傅里叶变换；u_k 为模态分量，右上角的数字为迭代次数。

传统的小波去噪等去噪方法在一定程度上可以获得类似趋势的波形，但参数的选择是一个问题。图 6-13 中 x_{tv} 是 VMD 提取的趋势；$x_{tw1} \sim x_{tw6}$ 分别是分解层数为 1、2、4 和 6 的 PSOWATE 去噪后的矩阵重心横坐标 x_c 变化趋势。分解层数是小波去噪的一个非常重要的参数，对计算结果有显著的影响。如图 6-13 所示，x_{tv} 是最光滑的且最贴近实际波形的整体发展情况，PSOWATE 去噪的结果中只有 x_{tw2} 可以达到类似的效果。

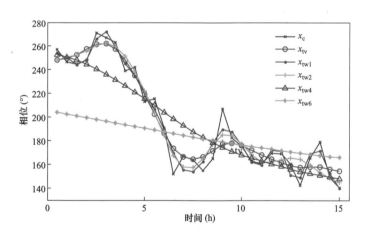

图 6-13　VMD 及 PSOWATE 对 x_c 提取趋势的结果

一些优化过的小波去噪方法具有自适应最佳分解层数的能力。其自适应的方法是基于相空间重构的原理。但是这种方法需要决定奇异谱分析过程中的延迟时间和嵌入维数等参数，这些参数本身也很难自适应地选择。这种方法本质上并不能解

决问题，而只能将其转化为另一种方法中的参数选择问题，增加了计算复杂度。

VMD 也需要在计算过程中确定分解层数。由于 VMD 中分解过程的目的是按照中心频率将信号的所有模态与分开，所以中心频率的数量就是分解层数。VMD 的计算过程是基于 FFT 来反应信号的频率。因此，VMD 分解层数可以较容易地通过自适应方法寻找频谱峰值来确定。同时计算过程中的分解模态也可用于后续研究中绝缘状态预测系统的学习过程。

本书的计算过程中，在 VMD 提取趋势之前还使用了灰色理论对数据进行延长处理，以消除 VMD 中可能存在的端点效应。

本书中所提出的局部放电发展程度评估方法，是基于设备长期以来历史数据的综合判断，同时又期望避免使用整个局部放电过程中的全部数据来进行极值归一化，因此使用特征量趋势来体现局部放电发展程度时，需要在不同的时间长度上都有较为稳定的判断能力。还是应用上述的球板模型实验数据来举例，选取 4.2h 内及 15h 内 VMD 对 x_c 的趋势提取结果进行对比，如图 6-14 所示，可以看出 4.2h 时的数据作为整个实验过程 15h 时数据的一部分，两者经过 VMD 所提取出来的趋势在重叠时间区域里是基本一致的，并未出现明显的偏差。由此可见本方法对于局部放电程度的体现能力是较为稳定的。

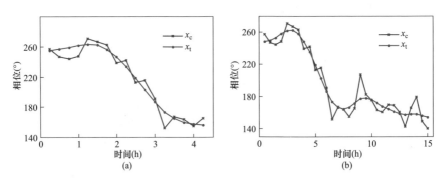

图 6-14　球板模型 4.2h 及 15h 时 VMD 对 x_c 提取趋势的结果

(a) 4.2h 时；(b) 15h 时

6.3.2　方法应用举例

下面以沿面模型为例探讨基于 $\Phi\text{-}\Delta T\text{-}N$ 模式的电老化评估方法的效果。

沿面模型局部放电的过程时长短，以半小时为步长时只有 5 组 H_n（ΔT, Φ）谱图的数据，并且其重心坐标 C（x_c, y_c）并无明显的振荡（见图 6-15），因此无需使用 VMD 提取趋势。从图 6-15 中可以看出沿面模型的 x_c 在局部放电过程的初期集中于 230° 的位置附近，随着放电过程的发展逐渐下降到 180° 位置附近，并在发生闪络之前保持在这个水平。而放电时间间隔 y_c 放电初期处于 8ms 的位置附近，在随后的发展过程中下降到了 2ms 左右的位置，在预击穿阶段局部放电脉冲的重复率回落，y_c 也随之重新上升到 3ms 的位置。

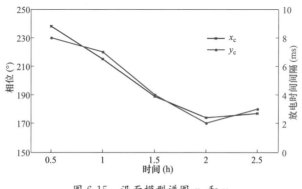

图 6-15　沿面模型谱图 x_c 和 y_c

将外施电压波形其中一个过零点 $x_r=135°$，以及每个工频周期时间的起始点 $y_r=0$ms 设置为趋势 T_r 的参考目标，而 $x_p=360°$ 和 $y_p=20$ms 为一个工频周期的常量，令 R 为 T_r 与参考目标（x_r, y_r）之间的差值与工频周期常量的比例，设 R 的坐标值为（X，Y），其计算如下

$$\begin{cases} X = [(x_t - x_r)/x_p] \times 100\% \\ Y = [(y_t - y_r)/y_p] \times 100\% \end{cases} \qquad (6\text{-}39)$$

这样，R 就成为了表示 H_n（ΔT，Φ）谱图重心变化的一个无量纲的指标，这也是一个标准化的过程，让不同模型之间的局部放电特性比较能够简洁明了。

图 6-16 为沿面模型局部放电过程的 R。沿面模型第二次实验用时 3h，其放电过程的 R 如图 6-17 所示。沿面放电的发展过程短且快，因此推荐 $X \leqslant 15\%$，且 $Y \leqslant 20\%$ 作为此模型唯一的绝缘劣化警告，一旦到达此位置则标志局

部放电即将进入快速发展的危险时期，需立即做出相应处理。

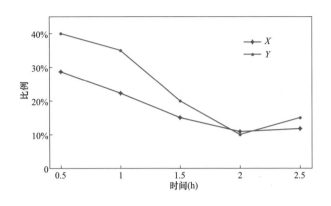

图 6-16　沿面模型谱图 R

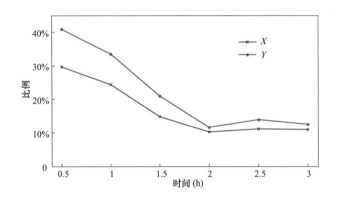

图 6-17　沿面模型第二次实验谱图 R

6.4　基于随机森林算法的局部放电模式识别方法

作为一种具有较高灵活度的机器学习算法，随机森林（random forest，RF）算法具有非常广泛的应用范围。RF 是一种集成多决策树的算法，其本质属于集成学习过渡到机器学习的一个分支。从原理上来上解释 RF 就是：对于分类问题，每个决策树都是一个分类器，RF 将所有分类投票结果集成在一起，指定具有最高投票数的类别作为最终的输出，这是最简单的套袋（bagging）方法。作为一种非常灵活和实用的方法，RF 具有以下特点：①在目前常用的分类识别算法中，精度最高；②在面向大数据时运行效率高；③可以评估每个特征量在分类过程中的重要程度；④在随机森林的建设过程中，算法可以自行计算内部误差的无偏估计。

6.4.1　方法原理介绍

RF 非常适合基于大数据的绝缘状态在线监测系统。对于分类问题，RF 分为训练和测试两个阶段，其主要步骤是：

（1）给定一个训练集 $X = x_1, \cdots, x_n$，其响应为 $Y = y_1, \cdots, y_n$，从 $\{X, Y\}$ 中有放回地随机从袋中抽取 n 个样本，共抽取 B 次，形成 $\{X_b, Y_b\}$，其中 $b = 1, \cdots, B$，并将它们作为每个决策树 f_b 的根节点样本。

（2）当建立决策树时，如果每个样本的特征维数为 M，则指定一个常数 $m \ll M$，从 M 个特征中无放回地随机选择 m 个特征子集。每次决策树分裂时，都会从 m 个特征中选择最佳的特征作为分裂节点。

（3）建立随机森林后，对于测试样本 x'，每个决策树都有一个类别输出 $f_b(x')$，最终的类别则由所有决策树的投票决定。

RF 在分类问题的应用中，其效果（误差率）与两个因素有关：①当森林中任何两棵树的相关性上升时，误差率增加；②当每棵树的分类能力上升时，误差率降低。

在 RF 的计算过程中，样本和特征的随机选择是一种对决策树进行去相关的方法。RF 不需要进行交叉验证或独立测试来获得误差的无偏估计，因此不同于 LS-SVM 和其他算法，在 RF 的计算过程中不需要做很多参数调试。

有许多学者对 m 的最佳选择做出了相应的研究，在不同的样本容量或特征维数等需求下，提出了不同的寻优方法。基于本书研究内容中的样本容量以及平衡的特征量维数，采用主要基于袋外误差（out-of-bag error，oob error）率的选择方法。因为 RF 在选择样本的过程中，大约会有 1/3 的样本从未被选择过，因此将这些未被选择过的样本称为袋外（oob）样本记为 $\{X_i, Y_i\}$，其中 $i = 1, \cdots, N$。oob error 计算如下：

（1）计算每个 oob 样本的分类（大约 1/3），记为 y_i^*。

（2）以简单多数投票作为样本的分类结果。

（3）使用误分类数与样本总数之比作为 RF 的 oob error，记为

$$\varepsilon(m) = (1/N)\sum_{i=1}^{N} I(y_i \neq y_i^*) \tag{6-40}$$

设 m 的最优取值为 m^*，其计算方法为

$$m^* = \arg\min_{1 \leqslant m \leqslant M} \varepsilon(m) \tag{6-41}$$

式中：$\arg\min f(x)$ 表示当 $f(x)$ 取最小值时，x 的取值。

假设每次计算过程均进行误差估计，则会增加计算量和时间，提高成本。如果对于参数的调整不能明显影响分类识别的效果，则这一步骤的价值就会变得较低。因此鉴于此处的样本和特征变化不大，无需大范围调整参数，其计算过程可以简化为：如果分类任务中每个样本具有 M 个特征，则在每个分裂中推荐选择 $m = \sqrt{M}$ 个特征。

决策树的数量 B 是一个自由的参数。通常使用几百到几千棵树，具体取决于训练集的大小和性质。在随机森林算法中，B 的增加在初期会提升算法的效果，然而当 B 大于一定值时，计算效果会趋于平缓不再有明显的提升。但是 B 的增大会增加计算量和计算时间，因此并不推荐 B 设置得过大。同时，B 是一个鲁棒性较强的参数，一定范围内的调整并不会明显的影响算法的分类识别效果。因此本书一般问题推荐参数 $B = 500$。

表 6-5 显示了将在随后的编程和讨论中使用的局部放电源缺陷类型的缩写。图 6-18 显示了使用 RF 的局部放电源缺陷分类识别流程图。

表 6-5　　　　　　　　　　局部放电源缺陷类型缩写

缺陷类型	针板	球板	沿面	气隙
缩写	N	B	S	A

6.4.2　样本特征量提取

局部放电缺陷类型的分类和识别研究主要是基于放电信号特征量的提取，并将提取的特征量作为算法的输入，得到分类和识别结果。提取局部放电信号

的特征量主要有三种方法。

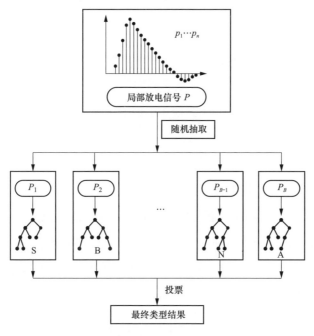

图 6-18　使用 RF 的局部放电源缺陷分类识别流程图

（1）从信号的统计谱图中提取特征量，例如先计算 PRPD 谱图，然后提取其统计特征量或对其灰度图进行图形识别后分类。当确定只有一个局部放电源时，此方法的效果良好。但是，当局部放电源的类型和数量未知时，基于混合信号的统计谱图将不再能够分别反映每个放电源的实际情况。

（2）从单个局部放电脉冲的波形中提取相应的特征量之后取平均值，例如计算单个局部放电脉冲的等效时间、等效频率和其他特征量，然后在一定时间内取平均值作为算法输入，以减小随机性的影响。将此方法应用于多源问题时，首先需要对局部放电脉冲进行分类，然后使用从单一来源的特征量的平均值进行识别，计算流程较为复杂。

（3）直接从单个局部放电脉冲中提取特征量作为分类算法的输入，例如直接使用等效频率等单脉冲特征作为分类算法的输入，不存在统计或平均过程，因此对算法的分类和防止过拟合的能力要求很高。

在现有的分类算法中，当样本量较大时，RF 具有最高的分类能力，且最不易发生过拟合问题，这些特性非常适用于前述的第三种识别方法。同时 RF 对特征量的幅值不敏感，并且需要在特征量维数平衡时才能进行计算，计算过程可以大大简化。

考虑到 RF 的优点，本书选择与相位信息相结合的局部放电脉冲的原始波形作为特征量和 RF 的输入。在现场实验中，性能较好的局部放电测试仪具有单脉冲记录功能。因为本书的实验使用示波器记录实验数据，所以实验中所收集的数据都进行了程序处理，以提取每个局部放电脉冲的波形和相位作为研究的基础。

本书中研究的四个局部放电缺陷模型在负半周和正半周的典型脉冲波形如图 6-19 所示。一个模型的两个脉冲均来自同一个工频周期。可以看出，不同模型的局部放电特性导致不同的脉冲。由于 1∶1 交直流复合电压具有不对称周期，因此来自同一模型的脉冲在正半周和负半周中特征不尽相同，例如放电量幅值、脉冲宽度等特征。

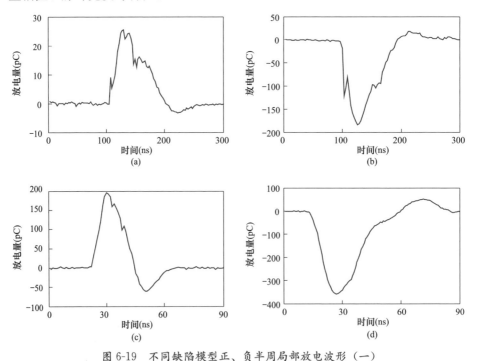

图 6-19 不同缺陷模型正、负半周局部放电波形（一）

（a）针板模型正半周；（b）针板模型负半周；（c）球板模型正半周；（d）球板模型负半周

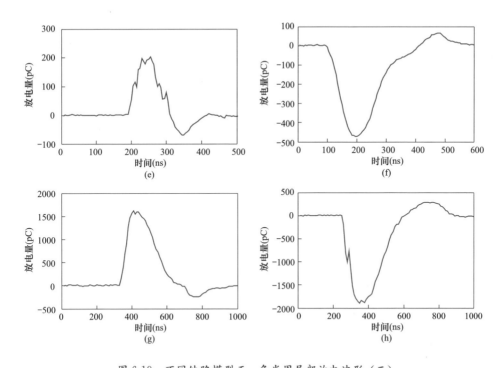

图 6-19　不同缺陷模型正、负半周局部放电波形（二）

（e）沿面模型正半周；（f）沿面模型负半周；（g）气隙模型正半周；（h）气隙模型负半周

与直流电压下的局部放电分析不同，放电的相位信息在复合电压下局放特性分析中仍然具有重要的参考价值。因此除了由脉冲波形提供的信息之外，还将每个局部放电脉冲的相位添加到样本特征量的首位。相位处理方法是将一个周期的相位等分为 360 个相窗，每个脉冲所处相窗度数值表示其相位信息。局部放电的脉冲基本形态是具有一个震荡波谷的单峰波形。因此提取局部放电脉冲波形的规则为，以脉冲起始的第一个最接近 0 的点开始，以震荡波谷结束后最接近 0 的点结束。

RF 算法需要每个样本具有相同特征量维数。油纸绝缘的局部放电脉冲通常是几十纳秒到 1ms。在同一模型的同一发展时段中，局部放电脉冲形状不完全相同。在统一采样率下，每个局部放电脉冲中包含的点数几乎不同。因此，样本特征的尺寸需要标准化。采用补零法来对样本的特征量维数进行标准化。根据本实验的局部放电信号持续时间范围和采样率，以及特征量维数对 RF 计算性能的影响，选择 400 作为统一的特征维数。具体的标准化过程如图 6-20 所示。相位信息占据特征量的第一位，局部放电脉冲波形从第二位开始，不足 400 的维数全部以 0 来填充。这种方法不仅保证了特征量维数的统一，不会丢失局部放电脉冲的信息，而且使得结果适合 RF 输入。值得注意的是，特征维数的选取需要与实际情况相匹配，考虑到实验电路结构及采集系统的参数。

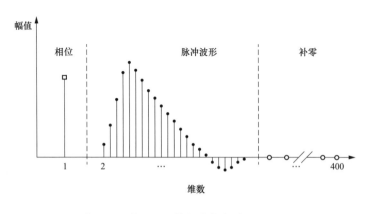

图 6-20 特征量构成图

6.4.3 识别结果及效率

对四种类型的局部放电缺陷模型展开研究，并且将每个模型的实验重复两次。为了验证识别算法的有效性，采用如下两种样本选择方法来进行测试。

（1）所有的局部放电脉冲都来自放电稳定阶段。稳定阶段时局部放电重复率较高，因此在每个模型第一次实验的放电稳定阶段，选择 1000 个放电脉冲作为各自的训练集。而在每个模型第二次实验的稳定阶段，选择 2000 个脉冲作为各自的测试集。该方法所称为样本集 1。

（2）四种模型的局部放电脉冲来自两个不同的放电阶段。由于气隙模型的局部放电量较高，而针板模型的实验时长最长，数据量最多，因此在每个模型第一次实验的数据中，在气隙模型和针板模型的放电初始阶段分别选择 500 个局部放电脉冲，并在球板模型和沿面模型的放电稳定阶段分别选择 500 个局部

158

放电脉冲作为训练集。在每个模型第二次实验的数据中，根据各自相同阶段选择 1000 个脉冲作为测试集。这种方法简称为样本集 2。

当特征维数 M 为 400 时，$m=20$。在分类识别的测试期间，首先测试 RF 在两种模型的特征量混合时的分类识别能力。将针板和沿面模型的信号特征量按照不同的样本集混合在一起，作为第一次测试的输入。再将球板和气隙模型的信号特征量以同样方式混合在一起，作为第二次测试的输入。识别率计算方法为正确识别样本的数量与测试集中此模型的样本总数的比率。RF 对两种模型的识别结果如表 6-6 所示，可以看出在只有两种模型参与时识别率可以达到 90％以上。

表 6-6　　　　　　　　　对两种模型局部放电信号的识别结果

模型	识别率		模型	识别率	
	样本集 1	样本集 2		样本集 1	样本集 2
N	92.55％	90.40％	B	91.75％	91.10％
S	93.45％	91.65％	A	94.25％	94.05％

其次对四种模型的特征量混合时的分类识别能力进行测试。四种模型的测试集将被合并，所有的测试样本特征量会以随机顺序被输入到 RF 以最终获得分类识别结果。表 6-7 显示了两种样本选择方法的识别结果，可以看出，虽然比两种模型时的识别率有所下降，但也能保持在 85％以上，效果良好。

表 6-7　　　　　　　　　对四种模型局部放电信号的识别结果

模型	识别率	
	样本集 1	样本集 2
N	87.85％	85.90％
B	85.95％	83.60％
S	89.75％	88.50％
A	92.05％	91.20％

作为效果良好的分类算法，RF 和 LS-SVM 均被经常用于识别问题。但是，这两种算法在应用范围上有所不同。LS-SVM 更加适用于样本容量较小，尤其是特征量维数不平衡的情况。因此本书基于上述选择的样本集，对 RF 和 LS-SVM 在本书需求下的分类性能进行了比较。对于两种算法的性能比较，可

量化的性能指标是计算时间和识别率。在比较的过程中，两种计算方法所得的特征量作为输入来验证分类识别的性能：第一种为本书提出的特征计算方法，记为特征量 1；第二种使用局部放电脉冲的等效时长、等效频率和放电时间间隔来作为特征量，记为特征量 2。放电时间间隔计算与第四章中介绍的方法一致。设一个局部放电脉冲为 $s(t)$，其等效时长 T_{eq} 和等效频率 F_{eq} 的计算方法为

$$T_{eq} = \sqrt{\int_0^T (t - t_0)^2 \tilde{s}(t)^2 \, \mathrm{d}t} \tag{6-42}$$

$$F_{eq} = \sqrt{\int_0^\infty f^2 \, | \tilde{S}(f)^2 \, | \, \mathrm{d}f} \tag{6-43}$$

$$\tilde{s}(t) = \frac{s(t)}{\sqrt{\int_0^T s(t)^2 \, \mathrm{d}t}} \tag{6-44}$$

$$t_0 = \int_0^T t \, \tilde{s}(t)^2 \, \mathrm{d}t \tag{6-45}$$

式中：T 是实际的时间长度；$\tilde{s}(t)$ 是 $s(t)$ 的变形，$\tilde{s}(t)^2$ 可以看作采样时刻 t 的权重系数；t_0 是 $s(t)$ 的时间重心或时间位置；$\tilde{S}(f)$ 是 $\tilde{s}(t)$ 的傅里叶变换；T_{eq} 表示脉冲时间长度，它可以在一定程度上反映时域脉冲宽度；F_{eq} 表示脉冲频率带宽，它可以在一定程度上反映脉冲上升沿的梯度。

为了同时评估本书提出的特征量计算方法，比较计算时间时包括了特征提取的计算时间。表 6-8 显示了基于特征量 1 的算法性能比较结果，而表 6-9 显示出了基于特征量 2 的算法性能比较结果。由于计算速度受硬件条件影响，因此本书对于算法的计算时间比较均基于同一台计算机和相同软件 MATLAB 2012，以评估相同条件下算法的性能。从表 6-8 和表 6-9 可以看出，当样本数量和特征维数较小时，RF 和 LS-SVM 的计算精度相似。在包含了不同方法的特征量计算时间后，样本数量或特征维数的增加会显著地增加 LS-SVM 的计算时间，而 RF 的性能保持相对稳定的水平。

表 6-8 　　　　　　　　　基于特征量 1 的算法性能比较结果

算法	缺陷模型	识别率		计算时间（s）	
		样本集 1	样本集 2	样本集 1	样本集 2
RF	N	87.85%	85.90%	675.75	406.48
	B	85.95%	85.40%		
	S	89.75%	88.50%		
	A	92.05%	91.20%		
LS-SVM	N	70.25%	71.60%	5876.24	3875.68
	B	69.85%	70.70%		
	S	73.60%	72.20%		
	A	73.70%	72.80%		

表 6-9 　　　　　　　　　基于特征量 2 的算法性能比较结果

算法	缺陷模型	识别率		计算时间（s）	
		样本集 1	样本集 2	样本集 1	样本集 2
RF	N	75.90%	73.40%	723.96	455.74
	B	74.35%	71.90%		
	S	76.55%	74.10%		
	A	76.95%	76.20%		
LS-SVM	N	75.25%	73.60%	806.69	499.68
	B	74.55%	72.70%		
	S	75.80%	74.20%		
	A	76.35%	76.80%		

　　尽管在所有分类方法中 RF 的计算速度并不是最快的，但它在样本容量大、特征维数高的情况下分类效果很好，并且对噪声的适应力很强。因此，RF 可以减少传统方法中数据预处理的计算时间。在电力设备局部放电的在线监测中，大数据处理已成为主要需求。监测大量样本有助于对绝缘状态进行实时、连续和准确的评估。比较表 6-8 和表 6-9 的结果，RF 与特征量 1 相结合的整体识别能力更好。

　　同时，还应考虑参数调试对于算法识别能力的影响。在上述比较测试中，RF 参数并未在所有计算中进行调整，而 LS-SVM 对输入更加敏感，并且输入不同时需要调整参数。对于 LS-SVM，核函数参数和正则化参数是影响性能的主要因素。其次，惩罚因子的选择对效率也有一定的影响。在以往的研究中，一些研究人员提出了多种优化方法，如交叉验证选择方法、基于遗传算法的选择方法和基于粒子群优化的选择方法等。无论哪种优化选择方法都会在一定程度上增加计算时间，同时使识别系统的操作更加困难。本书使用交叉验证来调整 LS-SVM 的参数。调整时间随着操作人员的熟练程度而变化，因此无法定量比较。在实际运行监控中，过多的参数调试会大大降低识别系统的可操作性。综合考虑各方面情况，RF 更具适应性。

参考文献

[1] Lai K X，Phung B T，Blackburn T R. Application of data mining on partial discharge part Ⅰ：Predictive modelling classification [J]. IEEE Transactions on Dielectrics and Electrical Insulation，2010，17（3）：846-854.

[2] Konstantin Dragomiretskiy，Dominique Zosso. Variational mode decomposition [J]. IEEE Transactions on Signal Processing，2014，62（3）：531-544.

[3] 肖怀硕，李清泉，施亚林，等. 灰色理论——变分模态分解和 NSGA-Ⅱ优化的支持向量机在变压器油中气体预测中的应用 [J]. 中国电机工程学报，2017，37（12）：3643-3653＋3694.

[4] Leo Breiman. Random forests [J]. Machine Learning，2001，45（1）：5-32.